爱意浓浓的
居家拼布138款

德国 OZ-Verlags-GmbH 出版公司　编著

谷楠　译

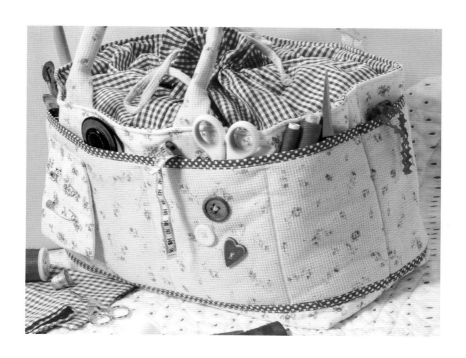

河南科学技术出版社
· 郑州 ·

Original Edition (C):2010

World rights reserved by Christophorus Verlag GmbH & Co.KG,Freiburg / Germany

Original German title:

Patchwork & Quilten für Weihnachten,ISBN:978-3-86673-108-0

Kinderzimmer kunterbunt!,ISBN:978-3-8410-6011-2

Nostalgie aus dem Nähkästchen,ISBN:978-3-8388-3119-0

Lustige Figuren-Kissen,ISBN:978-3-8410-6020-4

Zauberhafte Weihnachtszeit,ISBN:978-3-8410-6002-0

德国 OZ-Verlags-GmbH 出版公司授权河南科学技术出版社在中国大陆独家出版发行本书中文简体字版本。

著作权合同登记号：图字 16—2011—060

图书在版编目（CIP）数据

爱意浓浓的居家拼布 138 款 / 德国 OZ-Verlags-GmbH 出版公司编著；谷楠译.
— 郑州：河南科学技术出版社，2014.6

ISBN 978-7-5349-5793-2

Ⅰ.①爱… Ⅱ.①德… ②谷… Ⅲ.①布料—手工艺品—制作 Ⅳ.① TS973.5

中国版本图书馆 CIP 数据核字 (2014) 第 070165 号

出版发行：河南科学技术出版社

　　　　　地址：郑州市经五路 66 号　邮编：450002

　　　　　电话：（0371）65737028　65788613

　　　　　网址：www.hnstp.cn

策划编辑：刘　欣

责任编辑：张　培

责任校对：耿宝文

封面设计：杨红科

责任印制：张艳芳

印　　刷：北京盛通印刷股份有限公司

经　　销：全国新华书店

幅面尺寸：170 mm × 240 mm　　印张：19.5　字数：320 千字

版　　次：2014 年 6 月第 1 版　　2014 年 6 月第 1 次印刷

定　　价：58.00 元

目 录

多彩的儿童世界⋯113

梦幻圣诞⋯⋯⋯⋯165

圣诞拼布专辑⋯⋯⋯231

图样和纸板⋯⋯⋯⋯276

源自针线盒

传统手工最新体现

材料和工具

机缝针

选择针的型号要以面料及所使用的机缝线为准。各缝纫机说明里都列有表格。总的来讲，针的型号越大，针也就越粗。精致面料，如麻纱、丝绸、绢纱和塔夫绸等，需使用细针；全棉布需要中粗针；而比较厚实的面料，如装饰面料和家具面料，则需要粗针。机缝针属于磨损件，应经常更换。当出现频繁断针或者线码不均匀等现象时，很有可能是针的缘故。

机缝线

注意选择优质机缝线，以避免断线、打结、出圈、底线跳针等现象。化纤线结实耐用，常被比作"万能线"，对初学者来说是最好不过的线了。另外还有全棉线、精致的丝线和疏缝线。疏缝线是纤维很粗的棉线，易断，因而拆除方便。

珠针、手缝针

固定多层面料时，珠针是必不可少的。提示：珠针应永远横向固定，这样在缝制时很容易被取下来。备好万能针，可随时拿来做疏缝和手缝。

裁剪尺、轮刀、裁剪板

这些工具帮助你很容易地剪裁直边和条形。因为价格较贵，如果你经常缝纫，才值得购置这些工具。

尺子和画粉

尺子是裁剪和细致缝纫不可缺少的工具。裁剪画粉和水溶笔用来画不同的材料。画粉经过一段时间后会消失不见，但是最好画在面料的反面。当需要较长的画线时，用画粉很合适。

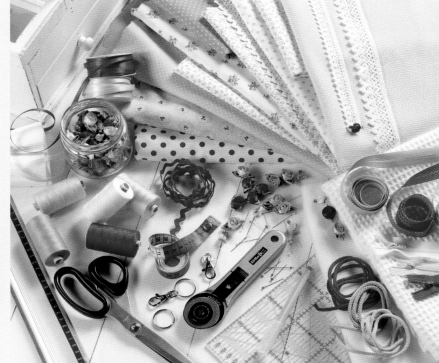

基础工具

· 缝纫机
· 合适的机缝线
· 疏缝线
· 机缝针、珠针
· 布剪
· 纸、纸剪
· 铅笔
· 直尺、卷尺
· 裁剪用画粉
· 熨斗、熨斗布
· 裁剪板

提示：
为了避免重复，各款说明里不再提到所用工具。

缝纫基本概念

面料折痕

双幅面料有一道折印，称作面料折痕。图纸上面料折痕表明某个部位的中心位置，一般都用虚线表明。面料在这个位置是双折的，没有缝份，没有接缝。

布纹

每种纺织品都由经纱（长向）和纬纱（横向）织成。布纹的走向与经纱相同，与织边平行。裁剪时应顺着布纹，使面料不走形。如果面料没有纱向，比如全棉平纹布，你可以顺着纬纱裁剪，这样你可以节约一些面料，但是绝对不能斜裁。

洗烫

缝制前请清洗面料，以避免以后缩水。在缝制前和每个缝制过程中都要熨烫面料。在熨烫比较敏感的面料时，可以垫一层干净的棉布。

面料的正反面

每个面料都有正反面。正面是显露在外的一面。印有图案的面料比较容易确认正反面，正面颜色清晰。如果将面料正面相对，那么面料的正面藏在里边，而反面则露在外边（不太好看）；如果面料反面相对，则正面在外，反面在里。

缝份

如果缝线太靠布边，面料和缝线容易分开。因此，一般来说裁剪时都要加上 1cm 的缝份。本书中的图样均含有缝份。

线的松紧

缝纫机上线的松紧应根据面料不同而进行调整，以避免出现线圈。最好事先用一小块布做实验。

黏合衬

黏合衬可使面料显得平整挺括。它有各种不同硬度。单面黏合衬为一面有胶（衬的反面），一般显得较为粗糙，发亮。这面应挨着面料的反面，然后用一块棉布垫着衬，按照制作说明熨烫。在黏合衬的包装上一般都注有熨烫温度说明。双面黏合衬的使用方法见第 6 页。

用料量

各款用料量里都含有 3%~5% 的缩水量。幅宽一般为市面出售面料的幅宽，即 140cm 或 150cm；也有实际需要的尺寸，这样便于你计算手中的余料是否够用。

疏缝和固定

各布块都应先固定或用手缝针疏缝，这可以保证缝合时布块不错位或出褶。注意：珠针应横向固定，便于缝制时逐一取下，避免造成断针。

基本缝纫技术

锁边整理缝份

为了使布边不脱线起毛需要锁边。锁边一般都使用Z形缝法。如果一个缝份的两个边需要单独锁边，那么应在缝合前先锁边；如果应一起锁边，则先缝合，后用Z形针法锁边。

缝线回针

每道缝线的开始与结束都应回车倒针，以保证缝线不会松开。开始时，先车缝三到四针，按住回车，再往回倒三到四针，然后再重新正常车缝；结尾时，同样回车三到四针。

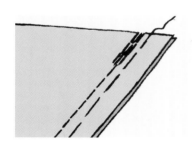

缝合直线

缝合面料时，将面料的正面先位于里侧，两个布边比齐，然后直线缝合。之后，再将面料翻到正面来，而缝份则藏在里面。值得注意的是：在翻面之前，应先把拐弯处的缝份斜着剪小，这样翻过面来才会整齐好看。

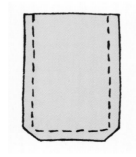

弧形缝合缝

翻面前，应先在弧形缝份上剪开牙口，剪至距缝线仅剩约1mm的距离，这样翻过来的效果才会好。

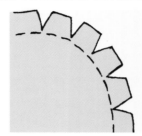

斜裁布条：直边滚边

市场上有斜裁布条的成品出售。将斜裁布条对折，烫出中缝，再把面料边塞进去，用珠针固定。斜裁布条要平顺，面料正反面要对半包裹，最后车缝明线。

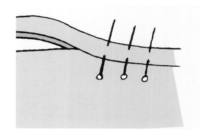

弯角和圆弧滚边

先用烫出中缝的斜裁布条给直边滚边，车缝至弯角，掀起斜裁布条，折成对角褶固定，用珠针先与接下来的边固定在一起，然后车缝。给圆弧滚边时，斜裁布条向外的一边应微微拉紧些，向内的一边则往里收。

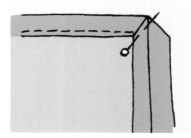

缝装饰花边

　　花边与面料正面相对，使花边的直边与面料边比齐，按照距离要求缝合，并锁边，缝份烫向反面，最后按要求车缝明线。圆弧和弯角处的花边外侧往里收，内侧则紧一些。这样，当花边铺平后会很平整。

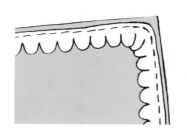

捏角

　　把角折叠起来，使其形成含有中缝的三角形，然后横向车缝。各款说明里对三角的缝合高度都有要求。

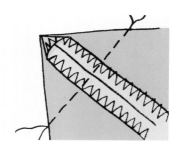

特殊缝纫技术

带穿绳孔的双层卷边

　　双层卷边，也称作摆缝，是指敞开的布边经过锁边和车缝后的边。先把布边按照宽度要求向里折烫，然后再次折边烫平，最后沿着折边从反面车缝明线。

　　穿绳时，把绳子的两头先用别针固定住，从一头穿入，用手一点点往里送，直到绳子的一头露出为止，摘掉两头的别针。

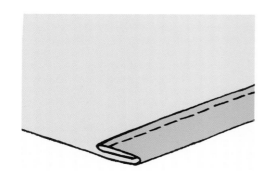

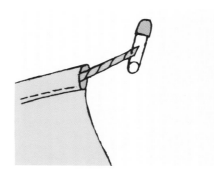

隐形拉链

给缝纫机换上拉链专用压脚。先把将要和拉链缝在一起的面料边锁边，画出拉链长度，留出拉链位置，再缝合其余部分。熨烫缝份，开口两边面料的宽度要一致。把拉链打开，并固定在熨好的面料边上，面料边应正好盖住拉链边缘。

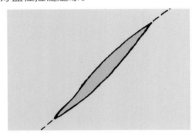

先以压脚宽度车缝左侧至拉链末端 3cm 处，机针扎在面料里，抬起压脚，经过压脚拉上拉链，再车缝到底；旋转面料，缝合横缝。仍然不抬机针，转动面料，车缝拉链右侧；大约 3cm 以后，扎住针，抬起压脚，重新拉过拉链，车缝右侧和第二个横缝。

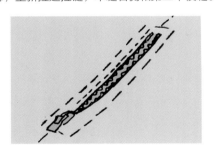

用双面黏合衬贴布

双面黏合衬一面为纸，另外发光的一面为黏合面。黏合面可双面烫。双面黏合衬很薄，可以直接放在图样上（纸面向上）用铅笔画图。粗略地

剪下图样，把发光的一面放在面料的反面，直接熨烫衬纸，再仔细剪下图样轮廓。

撕下衬纸，把贴布熨烫在底布上，再用密集 Z 形针贴布缝。

手缝针：扦边

从右向左缝。从面料正面折边处下针，挑起面料的两三股线在相距约 6mm 的折边处下针。如果是双层折边，先扎透上下两层折边，让针穿过上层折边约 6mm，再在同一位置扎住下层折边，重新让针再穿过 6mm，依此类推。

手缝针：疏缝

车缝前先用手缝针将两层或多层面料固定在一起。方法很简单，用针从上往下扎住各层面料，往前移动，再从下往上扎出针来。

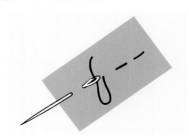

系扣储物包

材料

- 表布：25cm x 110cm
- 里布：25cm x 110cm
- 铺棉：25cm
- 扣襻松紧带：9cm
- 1 颗纽扣

尺寸

约 20cm x 25cm

难度

★

裁剪

- 面料：22cm x 52cm
- 里料：22cm x 52cm
- 铺棉：22cm x 52cm
- 松紧带：9cm

缝制

　　把表布和铺棉用珠针固定在一起。在表布窄边中央缝上松紧带当扣襻。表布正面对折（22cm x 26cm），缝合两边。里布缝法相同，但是要留返口。

　　将缝合好的表布和里布套在一起，铺平后缝合。把包从返口翻过来，缝合返口；烫平上边缝份，在距边5mm处车明线，最后手缝纽扣。

三层杂物袋

材料

- 印花面料：65cm x 110cm
- 格子面料：60cm x 110cm
- 波纹装饰带：2.8m
- 支撑用纸壳
- 水溶笔

尺寸

约 30cm x 100cm

难度

★★

裁剪

- 印花面料：

  2 长条，32cm x 100cm

  1 长条，4cm x 10cm，用作挂钩

- 格子面料：3 个长方形，28cm x 60cm，用作口袋布

- 硬纸壳：3.5cm x 30cm

缝制

先把挂钩用布缝合好。在印花布块（短边）的反面用水溶笔画一个 15cm 高的三角形。把两块条形印花面料正面相对，沿着边和三角形缝合两片，在三角的顶部缝上挂钩，右上方留一个 15cm 长的返口，然后剪下三角形两边的多余面料。翻面并熨烫平整。在三角形下方缝一道缝线，装进硬纸壳，再平行车缝一道缝线。手缝返口。

把口袋布正面对折成 28cmx 30cm，缝合并留返口。把口袋翻面，烫平。把三个口袋布以间隔 8cm 的距离缝在印花面料上，同时缝上波纹装饰带。

系带首饰包

材料

- 派斯蕾印花布：25cm x 110cm
- 印花布：25cm x 110cm
- 条纹布：25cm x 110cm
- 铺棉：25cm
- 松紧带：35cm
- 拉链：15cm

尺寸

约 20cm x 30cm

难度

★★

裁剪

- 派斯蕾印花布：32cm x 22cm
- 派斯蕾印花布：14cm x 18cm（拉链小包）
- 印花布：32cm x 22cm
- 铺棉：32cm x 22cm
- 条纹布：5cm x 90cm（松紧）
- 条纹布：13cm x 29cm（内兜）
- 条纹布：2 个，各 3cm x 55cm（带子）
- 条纹布：1 个，6.5cm x 110cm（滚边）

缝制

将派斯蕾和印花布的两个长方形布块（32cm x 22cm）以及铺棉放在一起，两层面料反面相对，中间是铺棉；用机器绗缝或用其他装饰性绗缝针迹将三层缝合在一起；把条纹布块（5cm x 90cm）车缝成一管状，翻面。借用别针穿入松紧带，并固定住两头。把作内袋的条纹布块正面对折（13cm x 14.5cm）车缝在一起，然后翻面；在双层边折烫出2.5cm。给拉链口袋布块的四周锁边，在短边缝拉链；半开着拉链，正面相对车缝两个侧边；通过拉链开口翻到正面。把准备好的三个部分如图所示放置在底布相应位置上，沿着边车缝。缝合带子布块，然后再缝在首饰包上。最后，把滚边用条纹布（6.5cm x 110cm）纵向对折，沿着边车缝明线；再次双折，给首饰包滚边。滚边时，先把滚边条车缝在里料上，然后用手缝针缝合面料一边。

暖水袋套

材料

· 面料：30cm x 140cm

· 里料：30cm x 140cm

· 铺棉：30cm

尺寸

约 20cm x 30cm

难度

★ ★

裁剪

· 面料：照图纸裁 2 片心形，和铺棉固定在一起

· 里料：照图纸裁 2 片心形，并画好标记

· 带子：4 个 3.5cm x 30cm 长条

缝制

　　缝制带子，然后缝在面料上（暖水袋脖颈处）。面料、里料各取一片，正面相对，以压脚宽度沿着标记缝合上半部；以同样方法缝合另外一半。缝好的两片正面相对，再缝合心形部分。里布以同样方法缝合心形部分，注意在一边留出返口，并从此翻面，缝合返口，烫平上半部。

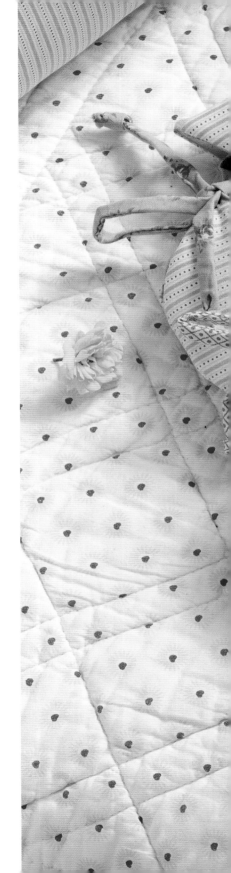

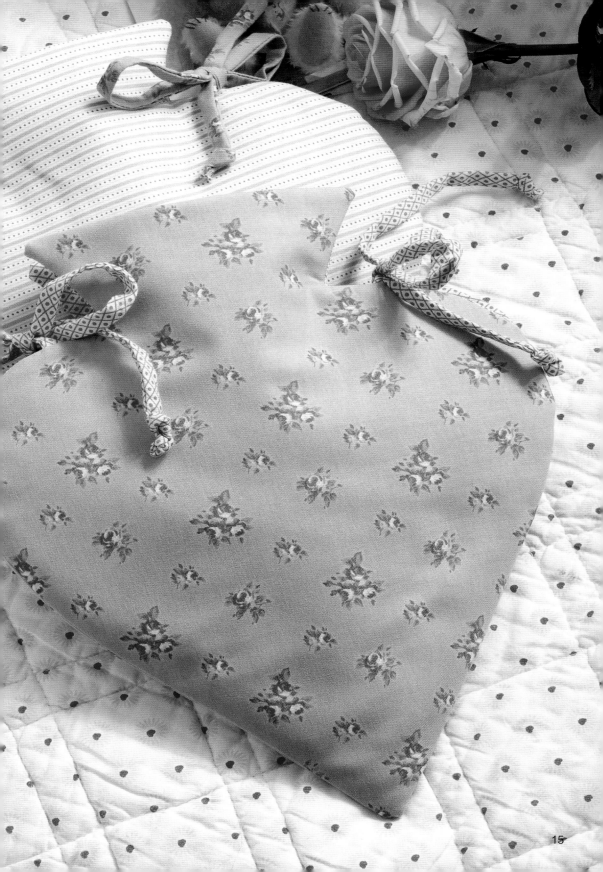

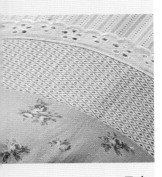

爱心肩枕

尺寸

约 20cm x 50cm

难度

★

材料

- 条纹面料：35cm
- 圆点面料：15cm
- 玫瑰花面料：35cm
- 镂空花边：140cm
- 双面黏合衬
- 枕芯：直径20cm，长50cm

裁剪

- 条纹面料：1个长方形，25cm x 70cm
- 条纹面料：2个条形，各5cm x 65cm
- 圆点面料：2个条形，各7cm x 70cm
- 圆点面料：2个条形，各3cm x 100cm
- 玫瑰花面料：2个长方形，各35cm x 70cm

缝制

给所有布块锁边。按照纸板把心形画在双面黏合衬上，并熨烫在玫瑰花面料的反面，然后剪下来。撕掉衬纸，把心形熨烫在条纹面料的中间，并用花形针迹车缝上。将圆点面料（7cm x 70cm）正面相对车缝在条纹面料的两边，缝份倒向外侧；缝合镂空花边。最后将玫瑰花面料车缝在两侧的最外边，缝份依然倒向外侧。把两个面料（5cm x 65cm）折烫成1cm的条形当作穿带孔，缝在玫瑰花面料的中间。将整个拼缝在一起的面料纵向正面相对缝合成管状，锁边。用圆点面料（3cm x 100cm）缝两根带子，穿进穿带孔。装入枕芯，系紧带子。

手提缝纫包

尺寸

约30cm x 50cm

难度

★ ★ ★

材料

- 玫瑰花面料（A）：40cm x 110cm
- 玫瑰花面料（B），正面和提手：40cm x 110cm
- 格纹面料：70cm x 110cm
- 铺棉：55cm
- 硬衬：30cm
- 填充棉
- 黏合扣：10cm
- 装饰带：20cm
- 毛线头：红色，绿色
- 3颗纽扣
- 花点斜裁布条，220cm

裁剪

- 玫瑰花面料（A）：2个长方形，31cm x 53cm（包身）；剪2块8cm x 8cm正方形布块做包底；将2块包身布块和铺棉固定在一起。
- 格纹面料：2个长方形，31cm x 53cm（包身里料）；剪2块8cm x 8cm正方形布块做包底；将2块包身里料布块和铺棉固定在一起。
- 玫瑰花面料（B）：4个条形，15cm x 53cm（包外层）；2块布块反面相对，中间夹上铺棉，固定在一起。
- 格纹面料：1个条形，30cm x 106cm（罩）
- 玫瑰花面料（B）：2个条形，9cm x 45cm（提手）
- 铺棉：2个条形，4cm x 45cm（提手）
- 插针布：1个长方形，10cm x 20cm
- 玫瑰花面料（A）：按照图3做针插

缝制

先缝制针插：按照图样7b把玫瑰花画在面料A上，用回针绣绣出花的轮廓。剪下椭圆形，整圈缝上装饰花边；再剪一块椭圆形，把黏合扣缝在中间，并与绣花椭圆形正面相对缝合。

注意留返口。给针插翻面，塞入棉花，缝合返口。将准备好的包外层（共3层）长边用斜裁布条滚边，然后缝在包上，请自定各个口袋的尺寸，然后垂直车缝明线。

对折插针布（10cm x 10cm），留出返口缝合整圈，翻面，选择一种装饰明线把插针布的一边车缝在包外层上。在外层另一边的对应位置车缝黏合扣（用来粘针插）。两个包身布块正面相对，缝合侧缝。把包的底边向里折，形成包底，缝合各角。里料缝法相同，注意留返口。把用作提手的斜裁布条缝成管状，翻面。借助别针装入铺棉，再纵向对折缝合，两头各留出5cm不缝。

把用作包罩的布块（30cm x 106cm）纵向往里先折一个1cm，再折一个4cm，烫平整，沿边车缝明线，再车缝出2cm宽的穿绳孔；缝合整圈，把没有折边的一边与包固定在一起。

把包的面料和里料正面相对套在一起，包罩均匀地夹在其中，缝合。通过里料上的返口把包翻向正面，缝合返口。在距上边约5mm处车缝上装饰明线，把绳子或带子穿进穿绳孔。在包外面缝上纽扣做装饰。

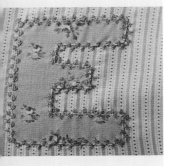

字母枕套

材料

- 玫瑰花面料：35cm x 140cm
- 条纹面料：35cm x 140cm
- 圆点面料：5cm x 140cm
- 枕芯：30cm x 50cm
- 双面黏合衬
- 打印字母，用作纸板

尺寸

约 30cm x 50cm

难度

★

裁剪

- 玫瑰花面料：1 个长方形，32cm x 110cm
- 条纹面料：1 个长方形，32cm x 100cm
- 带子：4 个长条形，5cm x 35cm
- 玫瑰花面料：按纸板把字母画在双面黏合衬上，然后烫在玫瑰花面料的反面，裁剪下来。

缝制

　　撕下字母黏合衬上的纸，把字母熨烫在条纹面料适当位置上，选择缝纫机上任意一种装饰线，把字母车缝上；条纹布块正面相对缝合侧缝并锁边。双折另外敞开的一边并车缝明线。纵向双折各条形布块（5cm x 35cm），缝合并翻面。在给条形枕套锁边时，将 4 根带子一同缝上。玫瑰花枕套没有带子。套入枕芯，系好带子。

布艺台灯

材料

- 条纹面料：15cm x 140cm
- 玫瑰花面料：10cm x 140cm
- 斜裁布条：80cm
- 花边：40cm
- 双面黏合衬
- 方形玻璃罩台灯
- 打印字母，用作纸板

裁剪

- 条纹面料：15cm x 140cm
- 玫瑰花面料：6cm x 40cm
- 玫瑰花面料：按照纸板把字母反向画在黏合衬纸上，熨烫在玫瑰花面料的反面，然后剪下来。

尺寸

约 10cm x 10cm x 22cm

难度

★ ★

缝制

　　布块正面相对纵向缝合，缝份烫向一边。先将拼缝好的面料疏缝成筒状，试套在台灯玻璃罩上。撕掉字母黏合衬上的纸，把字母平整地熨烫在条纹面料上。拆掉疏缝线，用机器上任意一种装饰线把字母车缝上。用斜裁布条给上下两边滚边，并在上方缝上装饰花边。给所有缝份锁边，最后缝合灯罩成圆形，套在台灯上。

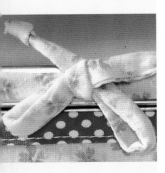

布艺茶叶筒

尺寸

约 9cm x 9cm

难度

★

材料（1个茶叶筒）

· 2 种不同花色的纯棉布：各 10cm x 110cm

· 斜裁布条：75cm

· 双面黏合衬

· 茶叶筒

· 打印字母，用作纸板

裁剪

· 筒套：1 个长方形，9.5cm x 34cm

· 撞色字母面料

缝制

把布块的短边正面相对疏缝成筒状，套在茶叶筒上。按照纸样把字母反向画在黏合衬上，并熨烫在撞色面料上，然后剪下来。撕掉黏合衬纸，把字母平整地熨烫在筒套面料上。拆掉疏缝线，用机器上任意一种装饰线缝上字母。用斜裁布条给上下两边滚边，再缝合成圆筒形，给缝份锁边。在茶叶筒的盖子上系一个蝴蝶结作为装饰。

布艺挂钟

材料

- 圆点面料：30cm x 110cm
- 格子面料：10cm x 110cm
- 铺棉：30cm
- 双面黏合衬
- 斜裁布条：80cm
- 圆形底座（木质或纸板），约 0.5cm 厚，直径 28cm
- 有指针的表芯
- 喷雾胶
- 各种纽扣，别针，尺子
- 打印数字，用作纸样

裁剪

- 圆点面料：1 个直径为 28cm 的圆
- 铺棉：1 个直径为 28cm 的圆
- 底座：在中间挖 1 个 1.5cm 的孔
- 格子面料：按照数字样板把数字反向画在黏合衬纸上，然后熨烫在面料反面并剪下来。

缝制

用喷雾胶把圆形布块粘在铺棉上，晾干后再用缝纫机绗缝或车缝装饰性明线。用斜裁布条给圆滚边。

去掉数字衬上的纸，把数字熨烫在表盘上，用贴布缝缝上数字。

把纽扣、别针和尺子当作表盘数字。

把表盘用胶粘在底座上。最后在表盘中间挖个孔，按照说明固定表芯和指针。

直径

约 28cm

难度

★★

果酱瓶罩

材料

- 纯棉布：20cm
- 斜裁布条：35cm
- 水溶笔
- 松紧线

尺寸

直径约 16cm

难度

★

裁剪

- 将纯棉布裁成直径约 16cm 的圆。

缝制

用斜裁布条给圆形布块滚边。用水溶笔画内圆，松紧线当作底线，沿内圆车缝 Z 形。

布艺盆花

尺寸

花，约 15cm x 11cm

花盆，约直径 10cm

图样

第 276 页和 279 页

4a ~ 4d

难度

★ ★

裁剪

· 黄色印花面料：20cm x 110cm

· 黄色条纹面料：20cm x 110cm

· 格纹面料：15cm x 110cm

· 圆点面料：15cm x 110cm

· 印花面料：15cm x 110cm

· 铺棉：20cm

· 衬：20cm

· 填充棉

· 3 颗纽扣

裁剪

注意

　　花盆图样包含缝份。花的缝法比较简单，可以直接车缝，图样中可以不含缝份。

· 盆底：2 个圆，直径均为 8.5cm

· 盆身：照图样 4c 裁 2 个布块，外片贴衬，内片放铺棉

每朵花：

· 2 条 10cm x 18cm（花枝图 4a）

· 2 个正方形，16cm x 16cm（花瓣图 4b）

· 2 个长方形，10cm x20cm（花叶图 4d）

缝制

　　盆身布块正面相对缝合，接缝盆底。花盆里料缝法相同，注意留返口。将花盆面里料正面相对缝合，缝合返口，整烫上边缝份。按照图纸在花瓣面料的反面画花瓣，然后把两块面料正面相对，沿着画线缝合，留出返口。留下缝份，剪掉多余部分，在拐角处斜着剪小缝份；圆弧处和弧度大的地方剪出牙口。在花枝和花瓣里都塞入填充棉，手缝针缝合封口。在花瓣中央缝上纽扣，系上叶子。

欢迎挂饰

材料

- 花格面料：20cm x 110cm
- 条纹面料：20cm x 110cm
- 印花面料：20cm x 110cm
- 填充棉
- 装饰带：200cm
- 9 个木制衣夹：长 4.5cm
- 打印字母，用作纸样

尺寸

约 200cm x 20cm

难度

★★

裁剪

- 每个字母需要 2 块约 20cm x 20cm 正方形布块

缝制

按照纸样将字母画在面料的反面。两片面料正面相对，沿着画线缝合，留出返口；把所有缝份剪至极小，弯角缝份剪斜，缝份上圆弧处剪牙口，弧度太大的地方剪出牙口。给字母翻面，熨烫平整，然后小心塞入填充棉，但是不要太多。用手缝针缝合返口。最后用衣夹把字母夹在装饰带上。

布艺挂衣钩

尺寸

约 25cm x 60cm

图样

第 277 页图样 5

难度

★ ★

材料

· 印花面料：35cm x 110cm

· 格纹面料：20cm x 110cm

· 铺棉：35cm

· 双面黏合衬

· 木板：25cm x 60cm，1.5cm 厚

· 家具纽扣

· 钉钉器

裁剪

· 印花面料：1 个长方形，35cm x 70cm

· 衬：1 个长方形，35cm x 70cm

· 格纹面料：照图把花朵图样画在双面黏合衬上，并熨烫在格纹面料的反面，剪下来。

缝制

　　撕下花朵上的衬纸，把它熨烫在印花面料的中间，并车缝上任意一种装饰明线。先把铺棉固定在木板上，然后包上印花布，在背面用钉钉器钉结实。在每个花朵中间装上一个家具纽扣。

爱心钥匙包

材料

· 花点面料：10cm x 110cm

· 格纹面料：10cm x 110cm

· 斜裁布条：20cm

· 黏合扣：3cm

· 填充棉

· 1 个钥匙环

裁剪

· 格纹面料：4 个长方形，各为 7cm x 11cm

· 花点面料：照图裁 2 个心形

尺寸

约 6cm x 10cm

图样

第 277 页图样 6

难度

★

缝制

在 1 块格纹布块的正面中间缝黏合扣（毛绒面）。两块布块正面相对缝合，留返口，熨烫平整。纵向双折斜裁布条，沿着边车缝明线。在花点布块正面中间缝黏合扣的另一面（毛刺面）。按照纸样把心形画在面料的反面，然后将两块心形布块正面相对，沿着画线车缝，同时把斜裁布条一起缝在心形中间，留返口，翻面后塞入棉花，用手缝针缝合返口。把钥匙环缝在斜裁布条的一头。两块格纹长方形摆在一起，斜裁布条置于中间，缝合整圈，在两个短边中间留出开口，大小以能放进钥匙为准。把心形粘在花格面上，钥匙即装在小包里；摘下黏合扣，钥匙即露在外边。

淑女小手袋

材料

- 格纹面料：40cm x 140cm
- 花点面料：30cm x 140cm
- 铺棉：25cm
- 支撑铺棉：25cm
- 双面黏合衬
- 毛线头：粉色，绿色
- 1 颗纽扣
- 水溶笔

裁剪

- 格纹面料：照图裁 2 个包身
- 格纹面料：1 个侧边和底边，15cm x 55cm，和铺棉固定在一起
- 格纹面料：2 个提手布条，各 8cm x 120cm
- 花点面料：照图裁 2 个包身
- 花点面料：1 个侧边和底边，15cm x 55cm，和支撑铺棉固定在一起
- 花点面料：4 个斜裁布条，各 4cm x 35cm，用作提手
- 铺棉：2 条，各 4cmx 33cm
- 花点面料：1 个扣襻，5cm x 10cm
- 绣花用花点面料

尺寸

约 20cm x 25cm

图样

第 277 页图样 7a 和 7b

难度

★ ★

缝制

按纸样在花点面料的反面画玫瑰花，画时请使用水溶笔。用回针绣绣玫瑰。按照第 276 页上图样 3 在双面黏合衬上画个椭圆，烫在绣花布的反面。剪下椭圆，去掉衬纸，粘在包身布块上，用装饰明线贴布缝。缝制装饰带和扣襻，并缝在相应的位置上。把一片包身布块和包底布块正面相对，沿侧边和包底缝合；另一片包身缝法相同。把用作提手的条形布块缝合成管状，翻面；铺棉条向中间对折，纵向缝合固定，用别针把铺棉装入提手。铺棉的两头应用出一点并固定住。提手固定在包身上。缝合包里料，留返口。将里料和面料正面套在一起，铺摆平整，边角对齐并缝合。从里料返口处把包翻到正面来，缝合返口。烫平缝份，在距包顶 5mm 处车缝一道装饰明线。在两边系上装饰带，最后手缝纽扣，系扣襻。

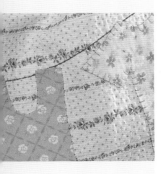

束口洗衣袋

材料

- 印花布：40cm x 110cm
- 印格布：10cm x 110cm
- 小印花布：3种颜色贴布，各约 10cm x 15cm
- 2条带子或绳子，长约90cm
- 双面黏合衬

裁剪

- 玫瑰花布：1个，40cm x 110cm
- 印格布：2条，各5cm x 40cm
- 小印花布：按图纸裁3块

缝制

在玫瑰花布上车缝一道弯曲线，当作晾衣绳。按照图纸把3个衣服样画在双面黏合衬上，并熨烫在3种小花布的反面，修剪整齐；撕掉衬纸，在晾衣绳上均匀熨烫，并用装饰线车缝3件衣服。

把当作穿绳用的布条向内折烫1cm，在距袋边约8cm处车缝穿绳条。把布袋布块正面对折，缝合整圈（折边为底边），翻面，车缝开口明线。把穿绳或带子从两头反向穿入。

尺寸

约40cm x 50cm

图样

第178页图样8a和8b

难度

★

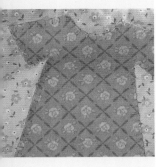

可爱布衣架

材料（每件）

- 纯棉布：20cm
- 贴布：约 10cm x 15cm
- 铺棉：20cm
- 双面黏合衬
- 2 颗纽扣
- 1 个衣架

尺寸

约 45cm x15cm

图样

第 277 页图样 9

难度

★

裁剪

　　因为衣架种类很多，可以自己制作合适的纸样。把衣架放在一张纸上，画出衣架轮廓，周边留出 1.5cm 的缝份，剪下纸样。

- 纯棉面料：按照纸样裁剪 2 份
- 铺棉：按照纸样裁剪 1 份
- 贴布：按照纸样裁剪 1 份

缝制

　　先按照与洗衣袋相同的方法缝制贴布。把 3 层材料（2 层面料＋1 层铺棉）正面相对，以压脚宽度缝合。铺棉挨着 1 层面料的反面，翻面以后铺棉夹在 2 层布料之间。缝合时在上边中央留出 2cm 挂钩孔，底边留一较大的返口。翻过面来，装入衣架，车缝返口。缝上装饰纽扣，并用蝴蝶结装饰挂钩孔。

贴布护衣罩

材料

- 格子布：30cm
- 玫瑰花布：30cm
- 斜裁布条：40cm
- 双面黏合衬
- 1个儿童衣架

裁剪

如果图样不符合你的衣架，裁剪之前请做改动。

- 玫瑰花布：照纸样裁两片，在其中1片上剪出开口
- 格子布：照纸样裁1片，只剪到画线位置
- 贴布：照纸样裁1片

缝制

按照纸样把衣架轮廓画在双面黏合衬上，并烫在格子布的反面，整齐剪下。撕掉衬纸，把小衣服贴布熨烫在衣夹袋正面，车缝装饰明线。

给所有布块锁边，开口用斜裁布条滚边。把格子布用珠针固定在袋子正面，前后两片正面相对缝合，在挂钩处留一个2cm开口。翻至正面，装入衣架。

台灯灯罩

材料

· 印格布：20cm x 110cm

· 印花布：10cm x 110cm

· 波纹装饰带：110cm

· 花边：110cm

· 松紧带：约35cm

尺寸

约23cm 高

难度

★

裁剪

· 印格布：1条，20cm x 110cm

· 印花布：1条，10cm x 110cm

缝制

　　印花布和印格布正面相对纵向缝合，给短边锁边，将缝份烫到印花布一边。把印花布的长边向里折烫1cm，至与印格布连接处，沿着窄边车缝明线。在和印花布接缝处缝一道1cm 高的松紧带穿孔。印格布底边扦边，用波纹带和花边装饰。

　　接缝两个短边，留个小开口，用别针穿入松紧带，并固定好尾部。

书本封套

材料

- 玫瑰花布：25cm x 110cm
- 印格布：10cm x 110cm
- 铺棉：25cm
- 双面黏合衬
- 1组摁扣

尺寸

DIN A5

图样

第 279 页图样 11a、11b

难度

★★

裁剪

- 玫瑰花布：2 个长方形，24.5cm x 34.5cm
- 玫瑰花布：2 个长方形，当里料，24.5cm x 20cm
- 印格布：照图纸裁 2 个扣襻
- 印格布和双面黏合衬：照图纸裁 4 个书角

缝制

　　按照图纸把 4 个书角画在双面黏合衬上，并熨烫在印格布的反面，剪下来。把长方形玫瑰花布布块（24.5cm x 34.5cm）和铺棉固定在一起。撕掉书角衬纸，熨在长方形的四个角上，然后用装饰明线车缝四个书角。按照使用说明冲压摁扣底座。把扣襻的两个布块和一片铺棉正面相对缝合，翻面。再装上摁扣上半部，在正面中间缝扣襻。把两个条形里料（24.5cm x 20cm）对折（24.5cm x 10cm），固定在一块长方形玫瑰花布块的两边。两块长方形玫瑰花布块正面相对，连同中间夹着的两个条形里料缝合在一起，缝时留出返口。翻面，烫平，手缝针缝合返口。

爱心冰箱贴

材料

· 各种碎布头

· 丝带

· 直径 0.5cm 的磁铁

· 填充棉

尺寸

约 7cm x 7cm

图样

第 279 页图样12

难度

★

裁剪

· 面料：每个心形需要 2 个 9cm x 9cm 正方形

缝制

按照图纸把心形画在一个正方形布块的反面，两片正面相对，仔细沿着画线车缝。在心形的直边留 3cm 的返口。仅留极小的缝份，剪掉其余部分，在弯处剪牙口。

翻面，装入填充棉和磁铁，手缝针缝合开口，系上装饰丝带。

51

贴布手机套

材料

- 玫瑰花布：10cm
- 印格布：10cm
- 铺棉：10cm
- 黏合扣：约3cm
- 双面黏合衬

裁剪

- 玫瑰花布：2条，10cm x 26cm
- 印格布：1条，10cm x 24cm
- 铺棉：10cm x 26cm
- 铺棉：10cm x 12cm

尺寸

约 8cm x 15cm

图样

第279页图样12

难度

★★

缝制

　　按照图样把心形画在双面黏合衬上，并烫在印格布的反面，剪下来，去掉衬纸，把心形烫在花布布块上，用装饰明线车缝整圈。把另一块花布和铺棉固定在一起。印格布反面相对，折成 10cm x 12cm，烫平，夹进相应尺寸的铺棉条。在印格布的正面缝上黏合扣毛刺面，和铺棉加花布固定在一起。在花布上缝黏合扣的另一面。花布和印格布正面相对，缝合整圈，注意留返口。翻面，车缝装饰明线，同时缝合开口。

有趣的
动物靠枕

材料

面料

  为使靠枕摸起来更柔软，使用长毛绒和短毛绒面料最为合适。本部分介绍的大部分款式使用的都是全棉长毛绒面料。这种面料不刺激皮肤，而且颜色及毛绒长度有很大的选择余地。

  人造毛绒，比如印有动物毛色的人造毛绒，也值得推荐使用。

  花色全棉材料色泽效果最好。尤其是座袋和地板垫应选用结实的全棉材料或花纹绒面料。

  制作眼睛、鼻子和嘴时可使用仿皮材料（比如做毛熊玩具的掌）。使用这种材料可省去包边工序，因为它不存在脱线的问题。也可以使用毛毡材料，只是其结实程度差一些。

缝纫线

  一定注意选择质量好的缝纫线。化纤线结实耐用，不易断。疏缝线（粗纺疏缝线）是指未完全纺紧的全棉线，很容易揪断，便于缝制完毕后拆除。

  缝纫线选择的颜色应比面料颜色深，这样缝份就不会显得突出了。

填充材料

  化纤棉：一种很经济实惠的填充材料，既可填得很松，也可填得很实。化纤棉也适合有过敏反应的人使用。可用 30℃ 的水清洗。

  羊毛：加工成毛条的羊毛，同样是很好的填充材料，只是比化纤棉贵一些。

已经加工好的枕芯：这种枕芯的填充材料已经用薄布（一般为棉布）缝合好了。

加工好的枕芯通常为尺寸不同的长方形或正方形，填充材料也各有不同。

人造珠球：这种材料的造型比较有动感，手感好。购买时注意货品的真实性。注意：该种材料不适合给幼儿做枕芯——当缝份破裂时，幼儿可能会误吞珠球。

樱桃核：樱桃核可用作暖袋或冰袋的填充物。根据需要，将其放入微波炉（因大小不同而异，最多不超过1分钟）、烤箱或者冷冻室即可。

粮粒：适合用作较大的暖袋或冰袋的填充物。麦粒为最佳选择。

百草：百草晾干后，缝入小袋，可用作枕芯。百草的作用各有不同，可用来安神或提神，香味怡人。

木珠：在填充物里加上些软木珠（直径至少为4cm），能起到按摩作用。

能发出声音的填充物：从小熊的声音，到沙沙作响的球，还有能发出尖叫的发音盒、音乐盒等，都可以使用。有些在清洗时也不必取出来。

提示

做暖带时，第一次用微波炉加热时，先选择一个较短的时间，比如1分钟。然后再把时间1分钟、1分钟地加上去，直到你所需要的温度。如果一次加温过快，会烤焦填充物，那就只能换新的了。

给幼儿做靠垫要格外用心。粮粒或樱桃核最好先用一层里料包缝起来。装饰靠垫时，不要选用那些容易误吞的东西，比如纽扣等。

制作填充物为粮粒或樱桃核的靠垫时不要使用金属扣（因其不能在微波炉或烤箱中加热）。

1. 化纤棉
2. 羊毛条
3. 樱桃核
4. 麦粒
5. 人造珠
6. 会沙沙作响的球

缝制

手缝

用疏缝针脚把布料缝在一起。

用回针缝手工缝制效果更好。

用藏针缝可使针脚不外露。

动物的眼睛和嘴最好用绷缝。

大靠垫上的嘴应用锁链缝。

在正反两面都可打结固定。

机缝

缝纫机

缝纫机因款式不同，其送布牙、线的松紧等也不同。具体使用方法请参看你的缝纫机使用手册。线的松紧应视材料的不同而做相应的调整，使缝份看起来均匀整齐。可先用一小块布料试缝一下。

如果线调得不合适，布料的一面会出现一个个小线圈，而在另一面，线又绷得很紧。对针和线粗细的选择也应视缝制的材料而定。如果线总是断开，或者缝份不整齐，很可能是针不合适。

准备工作

在缝合各部位之前，应先把所有的布块包缝（整理布边），以避免以后出现毛边和断缝。短毛绒材料除外。因为短毛绒料容易变形，所以建议你缝合完毕后，再锁边包缝。

布块的疏缝和缝合

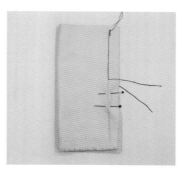

通常把布块用珠针固定在一起。固定的方向应与缝份垂直。缝合时再逐一取下，避免造成断针。

疏缝时使用粗纺线比较好。尤其当布块形状比较复杂时，先用粗纺线疏缝一下，可以避免缝合时出现错位或打褶。缝合完后再拆除疏缝线。

缝合布块时，如果没有特别说明，总是将两个布块的正面相对，沿着划线，留 1cm 缝份缝合。

翻面

缝好后翻面，把原来藏在里面的一面翻出来。当缝份为一整圈时，先留出一小段不缝，当返口。当缝份呈圆形或弧形时，先在缝份上密密地剪些牙口，然后再翻面。翻好后，所有的缝份就都留在里面了。返口则根据需要与其他部位连接，或用手缝针藏针缝缝合。

图 1

特殊材料的缝合

有些材料，比如短毛绒，制作起来比较难，缝合时容易错位或者卷边。还有些材料不容易在缝纫机压脚下摆平。这种情况下可在材料上放一张薄纸，或者把材料置于两张纸之间，一起缝（见图 1），缝好后再把纸撕掉（见图 2）。

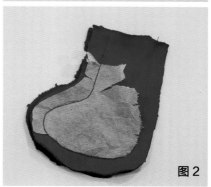

图 2

可爱的狗狗

材料

- 浅棕色全棉长毛绒：42cm x 85cm
- 全棉印圈儿布：14cm x 50cm
- 全棉印花布：17cm x 20cm
- 棕色仿皮
- 浅绿色拉链：22cm
- 缝纫线：浅绿色，棕色
- 绣花线：黑色
- 填充棉：约300g

裁剪

按照图样 1～8 做出纸样，按照纸样裁面料。鼻子不需留缝份。

尺寸

50cm

纸样

图样 1～8

难度

★★

提示

本款因配有拉链，所以也可用粮粒作填充料。

缝制

耳朵：分别用一块毛绒料和一块全棉布，正面相对疏缝在一起，然后机缝，翻面。

把鼻子缝在头部。在弧线处剪牙口，剪至距标记很近的地方。面料正面相对，同时把耳朵也夹在里面，注意耳朵的布面冲向鼻子，然后把省疏缝一下，再缝合。缝合整个头部，脖子当返口，先敞开不缝。往头部塞填充棉，用大针脚把脖子疏缝一下，然后将线抽紧。

胳膊、脚和尾巴的布块正面相对，先固定再缝合，然后翻面。所有部分都塞入填充棉。身体侧面也是正面相对，先疏缝，再缝A—B和C—D（尾巴夹进去），在B—C处装入拉链（制作方法参见 108 页）。

封上E—F缝份，在肚子上捏省，然后把肚子的两个布块正面相对，夹在体侧布块上。胳膊和腿按照纸样准备好，一起缝在身上。缝好后翻面。

完成

把脖子处的缝份往里折，把头插入敞口，用手缝针缝合。眼睛和嘴巴用绷缝法绣上去。身体里的填充棉要填得松些。

狗熊、猫咪和大牛

材料

所有款式

- 填充棉：约350g
- 黑色绣花线

大熊

- 棕色全棉毛绒：45cm x 90cm
- 印花棉布：12cm x 12cm
- 米色短毛绒：12cm x 40cm
- 棕色、黑色仿皮
- 米色、棕色、黑色缝纫线

猫咪

- 黄色全棉毛绒：45cm x 90cm
- 印花棉布：12cm x 12cm
- 粉红色短毛绒：12cm x 25cm
- 黑色仿皮
- 黄色、粉红色、黑色缝纫线

大牛

- 浅棕色全棉短毛绒：45cm x 90cm
- 印花棉布：12cm x 12cm
- 粉红色短毛绒：12cm x 40cm
- 米色短毛绒：10cm x 30cm
- 黑色仿皮
- 浅棕色、粉红色、黑色缝纫线

尺寸

43cm

纸样

图样 9 ~ 15

难度

★

裁剪

按图样 9 ~ 15 制作纸样，再按纸样裁剪面料，裁狗熊的鼻子时不需要预留缝份。

缝制

裁剪耳朵时，需长毛绒、短毛绒以及花格料（不要忘记牛角）各两块，然后正面相对，先固定，再缝制，然后翻面。按照纸样把耳朵边翻至画记号处，叠一个褶，然后固定。

把熊鼻尖缝在鼻子上。3 个动物的鼻子都是先把布块正面相对，固定好后再缝合（注意留出返口），翻面，松松地塞些填充物料，然后用藏针缝缝合。

把鼻子放在身上，然后用手缝针在稍微靠里的地方缝上。缝上眼睛，绣出嘴形。绣熊和牛的嘴巴时，针要扎透身体，以体现立体感。用同样方法绣出牛的鼻孔。

身体部位正面相对固定好，按照图上标记把耳朵（包括已经加好填充棉的牛角）夹进去，耳朵的里侧冲向脸孔，缝合身体，留出返口。

完成

把靠枕从返口处翻过来，塞入填充棉，然后用藏针缝缝合。

憨厚的大龙

材料

- 结实的绿色全棉布：85cm x 60cm
- 蓝色丝绒：52cm x 100cm
- 白色、米色和红色仿皮
- 蓝色拉链：20cm
- 白色、米色、红色、绿色和蓝色缝纫线
- 黑色绣花线
- 填充棉（头部）：约400g
- 泡沫海绵碎块（身体）

裁剪

按照图样 16～21 制作纸样，然后裁剪面料。裁眼睛时不需预留缝份，鼻子只是中缝处有缝份。

尺寸

65cm

纸样

图样 16～21

难度

★★

提示

聚苯乙烯泡沫球也是很好的填充物，只是价格比泡沫海绵贵一些。

缝制

把翅膀（留出返口）和龙角的布块各自正面相对固定好，缝合并翻面。把翅膀的返口处用藏针缝缝合。耳朵用蓝色和绿色布各两块正面相对缝合后翻面，并按照图上标记把耳朵折一下，固定好。

把眼睛缝在头的两侧，并绣上眼珠。身体的两个直侧边按照标记正面相对缝合，再缝上拉链并拉好。

把头上的省正面相对固定好，同时把耳朵夹进去，注意耳朵蓝色一面应冲向脸部，然后缝合。头的上半部正面相对，固定 A—B，把龙角敞开的一边夹进去，按照标记缝合到 B 点，下巴处的缝份 C—D 正面相对缝合。

缝合肚子和后背上的省，布块正面相对，固定并缝合。

把鼻尖缝在鼻子上，捏省，再把两片正面相对，从 A 点经鼻尖到 C 点缝合。把鼻子部分翻面，与头部的开口相接，缝合。

完成

把龙身翻面，翅膀缝在后背上，绣上嘴巴，用填充棉把头部塞满，在龙身里松松地塞进泡沫海绵碎块。

快乐的斑马

尺寸

50cm

纸样

图样 22 ~ 25

难度

★ ★

提示

用同款纸样，不同的材料，可使快乐的斑马变成可爱的小马。

材料

· 印有斑马条纹的长毛绒，毛长8mm。裁剪3个同样尺寸的布块，各为50cm×70cm

· 粉色短毛绒：16cm×55cm

· 白色全棉布：100cm×140cm

· 黑色全棉布：15cm×50cm

· 白色仿皮

· 拉链：20cm

· 白色、粉色、黑色缝纫线

· 黑色绣花线

· 填充棉：约400g（头部）

· 海绵或海绵碎块（座袋部分）

裁剪

因为长毛绒的张力很大，所以所有长毛绒布块（耳朵和尾巴除外）都需衬上白色棉布。可先将图形画在白色棉布上，裁剪时把毛绒（反面向上）铺在棉布底下一起裁。

把一块长毛绒从中间剪开，变成25cm×70cm。准备一张直径为42cm圆形纸，当作座袋上下两面的纸样，然后取另外两块毛绒料，照圆形纸样裁剪。用黑色棉布裁7个布条，尺寸各为5cm×13cm，用来当嘴巴、头发和尾巴。

缝制

座袋

将棉布布块固定在毛绒布块的反面，一起锁边。两个条形毛绒正面相对，在其中一头缝合，另一头上拉链，然后拉上。

用同样方法缝合座袋的上片和底片，最后翻面。

头部

取斑马条纹和粉色布块各一块，正面相对缝合，翻面。按照图纸把耳朵折至标记处，固定一下。把眼睛缝在头的两边，绣上眼珠。正面相对捏省，同时把耳朵夹进去，然后缝合。

把毛发双幅布块对折，把窄的一头缝合，翻面。把6条当作头发的布块各自正面双折，缝起一个短边和一个长边，然后翻面。头部两侧的布块正面相对固定好，在有省的地方将三根头发夹进去，缝合A—B 和C—D缝份。

先给嘴巴捏省，把左右相对的两片正面相对疏缝固定，缝合E—F 缝份。把准备好的嘴的上下两部分正面相对固定，同时，把剩下的第7个布条双折，夹进嘴巴的上下两片之间，缝合G—F—G 缝份。把嘴巴翻面，并与头部的开口相连接（E 连接A 再连接C），封口。

完成

把头部翻面，装入填充棉，沿着折进去的缝份与椅身缝合起来。裁一条7cm×23cm的斑马毛绒布，对折，缝的时候在窄的一边夹进3根"毛"。把尾巴翻面，缝份折进去，和椅身缝合在一起。

贴心的小羊

材料

- 白色长毛绒：36cm x 110cm
- 人造豹纹绒：毛长 2.5mm，16cm x 52cm
- 米色短毛绒：25cm x 65cm
- 白色、棕色人造皮
- 白色、米色、棕色缝纫线
- 黑色绣花线
- 填充棉，约 400g

裁剪

按照图样 26 ~ 33 制作纸样，裁剪面料。眼睛部分不需要留缝份。

缝制

耳朵（单色毛绒和豹纹毛绒各取一片）和胳膊都各自正面相对，先固定，再缝合，翻面。往胳膊里松松地塞入填充棉。

取两块做身体的布块沿 B—C 缝份缝合，同时把胳膊夹进去。在此基础上把头两个侧面的正面与其相对，缝合（E—B—E）。

把给兜捏省，锁边，然后缝在前身的正面（注意头部大嘴巴的开口）（见图 1）。

把头部的省正面相对，固定好，同时也把耳朵夹进去。耳朵上的豹纹面对着脸部。缝合肚子（D—E—F）和后背（A—E—F），在后背上留下返口。

缝合腿部 G—F—G。把脚底固定上，再缝合。

把眼睛缝在大嘴巴的上部，并绣上眼球。先给鼻子正面相对捏省，然后正面相对缝合（H—I）。给大嘴巴翻面，与头部开口相连接，缝合。

完成

给羊身体里塞填充棉，开口处用手缝针藏针缝缝合。把鼻尖往下拽出大约 1.5cm，然后缝住拽出的尖，绣上嘴（见图 2）。

图 1

图 2

超萌小耗子

尺寸

25cm

纸样

图样 34 ~ 38

难度

★ ★

缝制

靠垫

· 深红色毛巾：50cm x 100cm

· 粉红色短毛绒：17cm x 17cm

· 黏合扣：两边各50cm

· 深红色、黑色缝纫线

小耗子

· 短毛绒或有动物图案的毛绒：毛长 2.5mm，28cm x 54cm

· 粉红色短毛绒：12cm x 30cm

· 白色仿皮

· 白色、粉红色缝纫线

· 2颗黑珠子直径6mm

· 人造珠：约200g

裁剪

参照图样 34 ~ 38 制作纸样并裁剪。用仿皮做眼睛，无需留缝份。

缝制

靠垫

用毛巾缝制靠垫。在缝合侧缝之前，用短毛绒缝上一个口袋。

先给口袋的一边锁边，然后靠边车一道明线。另外三个边向里折0.5cm缝份，翻过来，把口袋沿边缝在靠垫上。

小耗子

把制作尾巴的布块正面对折，缝合并翻面。耳朵用粉红短绒和黑白绒布块各一块正面相对固定，缝合，翻面。按照图纸要求折叠耳朵，并固定。在身体两侧的布块上正面相对捏省，把耳朵夹进去，粉红色对着鼻尖。捏省。

两个侧面正面相对固定好，把按照图纸准备好的尾巴夹进去，缝合后背缝A—B。侧身和肚子正面相对固定好，缝合（注意留出返口）。翻面，填入人造珠，用藏针缝缝合返口。

完成

用黑珠子当眼球，缝在眼白上。用布艺胶把眼睛粘在头上，再绣上嘴巴。

机灵小红鬼

尺寸

45cm

纸样

图样 39 ~ 42

难度

★

材料

· 红色全棉长毛绒料：45cm x 100cm

· 黑色短毛绒：14cm x 40cm

· 白色仿皮

· 2颗黑纽扣：直径 2cm

· 黑毛线

· 红色、黑色缝纫线

· 绣花线

· 填充棉：约 400g

裁剪

依照图样 39 ~ 42 制作纸样剪裁面料。眼睛用仿皮料，无需留缝份。用一块直径 14cm 的短绒料剪出鼻子。

缝制

耳朵和犄角均用两块对应的布块正面相对，固定，缝合并翻面。在犄角里加些填充棉。

给靠枕布块锁边，把两份对应的布块正面相对，缝合，并在其中的一份里留出 20cm 的开口（头的后面）。把眼睛缝在靠垫的正面（见左图）。用锁链缝缝出眉毛和嘴。

把准备好的前后两片正面相对，固定好，按照图纸把耳朵和犄角夹进去。同时也夹一缕毛线当作头发。缝合整圈缝份。

完成

用黑纽扣当眼球，缝在眼白上。用布艺胶把眼睛粘在头上，再绣上嘴巴。

三个小精灵

材料

每个靠垫共用

· 相应颜色的浴巾：50cm x 100cm

· 黑色黏合扣：50cm

· 2 个毛球

· 枕芯：50cm x50cm

红靠垫

· 红色全棉毛绒料：38cm x 60cm

· 白色仿皮

· 红色、黑色缝纫线

· 填充棉（余料）

蓝靠垫

· 红色全棉毛绒余料

· 白色和红色仿皮

· 红色、黑色、蓝色、白色缝纫线

棕色靠垫

· 米色全棉针织带：3cm 宽，75cm 长

· 白色仿皮

· 白色、米色、黑色缝纫线

裁剪

照图样 43 ~ 50 做纸样，然后裁剪。眼睛和鼻子用仿皮料裁，无需留缝份。棕色靠垫的眉毛用黏合扣的余料即可。

尺寸

50cm

纸样

图样 43 ~ 50

难度

★

提示

靠垫也可以做得更大些，比如用大浴巾做。黏合扣的宽度与浴巾的宽度相符即可。另外把图样上脸和胳膊相应地放大。

图 1

图 2

缝制

准备工作

红靠垫：两份相对应的胳膊布块各自正面相对固定，缝合并翻面。

把两个用仿皮和毛绒裁好的眼睛与靠垫的分缝处，正面相对缝合，再把眼睛前后两部分正面相对缝合，翻面。缝蓝靠垫的耳朵并翻面。

靠垫

在浴巾正面窄的一边缝上黏合扣，黏合扣的另一边缝在相对应的靠垫的反面，这样才能粘上（见图 1）。为使黏合扣结实，沿黏合扣的两边车缝两道缝份。粘上，铺平浴巾，让黏合扣位于下边大约 3cm 的位置，然后，把由此而形成的折边用珠针做上记号（见图 2）。

把蓝色和棕色浴巾平铺开，找出并固定好脸的位置，在棕色靠垫上沿对角线固定好针织带，然后分别缝合各个部分。再把靠垫翻到反面，保留刚才准备好的折边。在蓝靠垫的侧缝（高度与眼睛平行）夹上耳朵，在红靠垫上夹上胳膊（在半个靠垫的高度），缝合并翻面。

完成

在红靠垫的眼睛部分塞进棉花，折起缝份，并缝在靠垫上。缝蓝靠垫的第二个耳朵，缝时把缝份向里折。把毛球当作眼球缝上，装上枕芯。

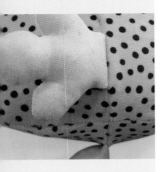

大花鸟

提示

靠垫也可以做得更大些，比如用大浴巾做。黏合扣的宽度与浴巾的宽度相符即可。另外把图上的脸和胳膊相应地放大。

材料

· 蓝点短毛绒：33cm x 85cm

· 彩条短毛绒：18cm x 50cm

· 黄色短毛绒：13cm x 50cm

· 黑色、白色仿皮

· 黄色、浅蓝色、白色、黑色缝纫线

· 填充棉：约200g

裁剪

　　按照图样 51～54 制作纸样并裁剪面料，眼睛和眼球用仿皮料，无需留缝份。

缝制

　　把脚和尾巴的布块各自正面相对，固定，缝合并翻面。然后，松松地往里塞些填充棉。

　　把眼睛和眼球缝在鸟身上。嘴巴部分正面相对，依 B—C 缝在鸟身上。

　　把身上的省正面相对捏合。在肚子的大省处夹进脚，然后缝合（见左图）。

　　身体两片正面相对，固定。按照图纸标记夹进尾巴，缝合缝份 A—B—C—D。把尾巴缝份往里收，缝合缝份 D—E。

完成

　　把大鸟翻面，塞入填充棉，用藏针缝手工缝合返口。

红唇小猪

材料

- 粉红色全棉长毛绒：45cm x 116cm
- 粉色、红色短毛绒余料
- 豹纹仿皮：毛长2.5mm，35cm x 50cm
- 粉色、红色缝纫线
- 黑色绣花线
- 黑纽扣：直径20mm
- 2颗红纽扣：直径13mm
- 填充棉：约400g

裁剪

按照图样10、39、55和56制作纸样并剪裁面料。

缝制

耳朵（豹纹和粉色布块各一）、鼻子和嘴巴的布块均正面相对，固定，缝合（注意留返口），翻面。往鼻子和嘴巴部位塞入填充棉，用藏针缝手工缝合返口。

给靠枕锁边。对应布块正面相对，缝合，同时注意（在后脑）留返口。

把由此形成的两个布块正面相对，按照图上标记夹进耳朵，缝合，给靠枕翻面。把鼻子用针固定在靠枕上，缝上红纽扣，再把鼻子缝在靠枕上。用手缝针绗缝出嘴的轮廓，然后把嘴缝到靠枕上（见左图）。

完成

黑纽扣当作其中一只眼睛缝上，绣出两道线当作另一只眼睛。塞入填充棉，用藏针缝手工缝合返口。把耳朵尖固定在靠枕上。

尺寸
45cm

纸样
图样 10、39、55、56

难度
★

戴皇冠的心

材料

· 黄点短毛绒：15cm x 35cm

· 红色短毛绒：40cm x 85cm

· 豹纹毛绒：毛长 8mm，24cm x 35cm

· 2 颗带宝石的纽扣：直径 1cm

· 黄色、红色缝纫线

· 填充棉：约 300g

尺寸

45cm

纸样

图样 57、58

难度

★

裁剪

　　按照图样 57、58 制作纸样并剪裁面料。用红色短毛绒裁出一片心形，按照图纸上的分隔线，分别用红色短毛绒和豹纹毛绒裁出第二片心。

缝制

　　把第二片心形的红色和豹纹短毛绒正面相对，在直边固定，缝合。把心上的省正面相对捏合。把两个皇冠布块正面相对，夹进心内，固定，缝合。准备好的两片心形正面相对，固定，缝合，在边上留出 15cm 的返口。

完成

　　给靠枕翻面，塞入填充棉。用藏针缝手工缝合返口。在心瓣中间把装饰扣缝入，同时拽紧（见左图）。

天使的翅膀

提示

也可用玫瑰花（见上图）代替心形，装饰翅膀。用绿色丝带把缝好的玫瑰系在翅膀上。

材料

翅膀

· 白色印花短毛绒：35cm x 120cm

· 白色缝纫线

· 填充棉：约 300g

心

· 红色短毛绒：15cm x 65cm

· 红丝带：110cm

· 红色缝纫线

· 也可加入干百草

· 填充棉（余料）

玫瑰花

· 剩余短毛绒：绿色、白色印花

· 红色短毛绒：10cm x 60cm

· 绿色丝带：45cm

· 白色、红色、绿色缝纫线

· 填充棉（余料）

裁剪

按照图样 59 ~ 62 制作纸样并剪裁面料。两片心形含缝份，两片小心形不含缝份。

缝制

翅膀

把翅膀上的省正面相对捏合，缝合。两个翅膀布块正面相对，固定，缝合（留出返口），翻面，塞入填充棉。用藏针缝手工缝合返口。

心

布块正面相对，固定，缝合（留出返口），翻面，塞入填充棉（也可填入百草）。用上面的方法手工缝合返口。在丝带中间打上蝴蝶结，并缝在翅膀上。丝带的两端固定上心形。

玫瑰花

将两片花瓣正面相对，固定，缝合，翻面。把当作花枝的三角形正面相对，形成一个尖筒，缝合侧缝，翻面。把花瓣开口处双折，其他花瓣错落地安排在其周围，用手缝针固定。在花枝里塞入填充棉，折入缝份，再把花瓣插进去，缝合固定。最后系上丝带。

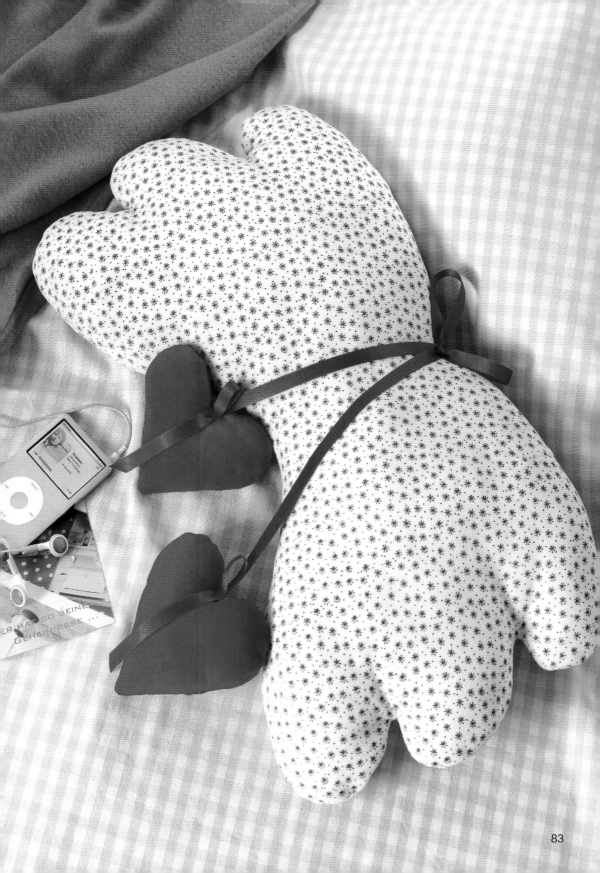

青蛙国王

尺寸
30cm
纸样
图样 63 ~ 67
难度
★ ★

材料

· 深绿色短毛绒 : 30cm x 60cm

· 全棉印花布 : 浅绿色 30cm x 60cm

· 黄色、红色短毛绒余料

· 白色仿皮

· 2 颗黑纽扣 : 直径 12 mm

· 黄色、红色、白色、绿色缝纫线

· 樱桃核 : 约 500g

· 填充棉 (余料)

裁剪

按照图样 63 ~ 67 制作纸样并剪裁面料。用仿皮料做眼白,无需留缝份。

缝制

把眼白缝在眼睛的布块上,缝上纽扣当眼珠。眼睛、皇冠和嘴唇的布块,各自正面相对,固定,缝合,翻面,并塞入一些填充棉。大头与肚子和后背的布块（B—C—B）正面相对,固定。同时,在后背的中间夹上皇冠,两边夹上眼睛,缝合。捏合头部的省。

肚子和后背正面相对（A 在 A 上,D 在 D 上）,固定,缝合。嘴唇缝在边缝上（见左上小图）,整圈缝合。不要忘记留返口。把窄的拐弯处的缝份上剪牙口。锁边,翻面。

完成

在青蛙身体里填入樱桃核,用藏针缝手工缝合返口。

疯狂的大公鸡

材料

· 米色全棉长毛绒：42cm x 100cm

· 豹纹仿皮：毛长 8mm，18cm x 50cm

· 米色、红色短毛绒

· 白色仿皮

· 米色拉链：20cm

· 2 颗黑纽扣：直径 12mm

· 红色、米色、黑色缝纫线

· 黑色绣花线

· 钥匙环：直径 15mm

· 填充棉：约 250g

· 枕芯：40cm x 40cm

裁剪

按照图样 68 ~ 74 制作纸样并剪裁面料，眼睛和嘴巴用仿皮布，无需留缝份。用两块正方形全棉毛绒 42cm x 42cm，裁剪枕面。

尺寸

55cm

纸样

图样 68 ~ 74

难度

★★

提示

因为有拉链，所以可以用粮粒当填充料。

缝制

靠枕

给正方形的布块锁边，正面相对，固定好。从一边的两个角开始，各缝起 11cm。然后，把面料铺平，在缝份开口处缝拉链，然后拉上。把其他的三面正面相对，缝合。翻面。

头和脚

分别将鸡冠、下巴、领子和脚的布块正面相对，固定，缝合，翻面。

脚内塞入填充棉。脚和领子的开口处用藏针缝手工缝合。按照图纸缝合鸡嘴，两片正面相对，固定，缝合，翻面。

捏头上的省，布块正面对好，同时夹进鸡冠和下巴。缝合A—B，C—D。把鸡嘴装在头上的开口处（A 在 A 上，C 在 C 上），用手缝针绗缝缝合，翻面。

把纽扣当眼珠，缝在眼白上。在鸡头里塞入填充棉，把脖子处的缝份内折，同时把靠垫角塞进脖子，用藏针缝手工缝合此处的接口。

从与此相对应的枕角向中间量出 15cm，在此手工缝上两只脚（间距 10cm），缝脚时要穿透（见图 1）。

完成

用领子围住脖子，然后用手缝针缝合。绣出嘴形（见图 2）。用一根钝头针在下巴上扎个孔，然后穿进钥匙环，当作装饰钉。最后放入枕芯。

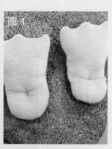

图 1

图 2

乖乖布老虎

材料

- 虎纹毛绒：毛长 8 mm，50cm × 70cm
- 白色全棉布：50cm × 70cm
- 白色全棉毛绒：14cm × 75cm
- 白色、红色仿皮
- 红色、白色、橘黄色缝纫线
- 红色、黑色绣花线
- 纽扣：直径 4.5cm
- 填充棉：约 300g

尺寸

50cm

纸样

图样 4、5、75～79

难度

★★

裁剪

因为虎纹毛绒张力很大，所以虎身、虎头的两侧，以及后脑都要加上一层全棉布。把图样画在棉布上，裁剪时，把毛绒铺在棉布底下（反面朝上）。

身体部分用毛绒和棉布各裁成 30cm × 70cm 的条形。

用仿皮料裁出眼睛、鼻子和嘴，无需留缝份。按照图样剪出耳朵和脸的中间部分。

缝制

用白色全棉毛绒和虎纹毛绒裁出耳朵，正面相对，缝合，翻面。在脸的中间部分缝上眼睛、鼻子和嘴巴。

将后脑布块正面相对缝合（A—B）。脑袋两侧从 C 到 D 同样缝合。把头的中部和准备好的侧边固定好（E—D—E），并缝合。从 E 到 F 固定并缝合鼻子中缝。把前后两片正面相对，同时夹进耳朵，缝合。给虎头翻面，绣上眼睛和嘴。用两根绣花线当胡子（见图 1）。在虎头里塞入填充棉。

胳膊和腿各自正面相对，缝合，翻面，并少量塞入填充棉。把虎身的棉布布块固定在毛绒布块的反面，在窄的一边锁边，并各自向反面折进 1cm 的缝份，缝合。把该片正面向上铺平（虎纹向上），把底边向上折 15cm，上边向下折 20cm（上下重合 5cm），固定侧边。把胳膊和脚缝在折边处，翻面。

完成

把头上脖子处的缝份向里折，用手缝针将虎头缝在虎身上部中间。在肚子开口的上方缝扣子，用绣花线做成扣眼，缝在里面（见图 2）。

图1

图2

酷毙的鹿

材料

- 棕色短毛绒：32cm x 45cm
- 棕色全棉印花布：32cm x 40cm
- 粉色短毛绒
- 白色、米色仿皮
- 2 颗黑珠子：直径 6mm
- 米色、棕色、黑色缝纫线
- 樱桃核：约 500g
- 填充棉（余料）

尺寸

28cm

纸样

图样 80 ~ 85

难度

★★

裁剪

按照图样 80 ~ 85 制作纸样并剪裁面料。眼白和鹿角用仿皮料，无需留缝份。

缝制

耳朵布块正面相对，缝合，翻面。鹿角反面相对，紧沿边缝合，留出开口，往里塞入填充棉，再缝合开口。

把鼻子缝在头的两个侧面（B—C），正面相对捏省，同时把耳朵夹进去缝合。体侧的两个布块正面相对，缝后背缝（A—D）。

肚子和后背两片正面相对（A 在 A 上，D 在 D 上），固定并缝合，别忘留返口。在拐弯处的缝份上密密地剪牙口，包缝，翻面。缝上眼白，把黑珠子当眼珠缝上。再缝上鹿角（见左图）。

完成

在鹿身里装入樱桃核，用藏针缝手工缝合返口。

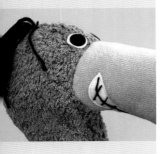

帅哥大鸟

材料

- 灰色全棉毛绒：42cm x 110cm
- 白色全棉毛绒：20cm x 48cm
- 米色短毛绒：16cm x 80cm
- 白色仿皮
- 2 颗黑纽扣：直径 12 mm
- 灰色拉链：20cm
- 白色、米色、黑色缝纫线
- 黑色绣花线和毛线
- 星星贝壳装饰扣：单孔，直径 15mm
- 填充棉：约 250g
- 枕芯：40cm x 40cm

尺寸

55cm

纸样

图样 68、69、86 ~ 89

难度

★★

裁剪

按照图纸制作纸样并剪裁面料，眼睛和嘴用仿皮，无需留缝份。两个腿用白色毛绒，各裁 7cm x 14cm。用灰色毛绒裁方形枕片，各为 42cm x 42cm。

缝制

靠枕

给正方形布块锁边，正面相对固定好。从一边的两个角开始，向中间各缝 11cm，再平铺开枕片，在开口处缝上拉链，然后拉上。缝合其他三个边，翻面。

头和脚

领子、腿和脚的布块，各自正面相对，固定，缝合，翻面。往脚里塞入填充棉。把脚和领子上的返口用藏针缝缝合。腿环布块正面相对，缝成一个长条形，翻面。两头的开口用手缝针疏缝，把缝份向里折，拽紧疏缝线，系扣，并缝成环形。腿缝份向里折，在一头缝上脚，缝时把脚缝透。戴上腿环。

在鸟嘴的一侧缝上嘴唇（见左图），再把鸟嘴的两个布块正面相对，固定，缝合，翻面。在头上捏省，正面相对，并夹进几缕毛线当头发。缝合缝份 A—B，C—D，把嘴装进头的开口处（A 在 A 上，C 在 C 上），固定好，用手缝针绗缝，把头翻面。把黑纽扣当眼珠缝上。参照"疯狂的大公鸡"里的说明，准备好头和腿并缝上。

完成

把领子围在脖子上，手缝针缝合接口。装饰扣缝在领子上，在嘴唇上绣出纹路。装入枕芯。

老鼠和大牛

材料

- 每个椅垫
- 黑色绣花线
- 2颗黑纽扣：直径 15 mm
- 枕芯：40cm x 40cm
- 填充棉（余料）

老鼠

- 灰色全棉短毛绒：40cm x 40cm
- 灰色毛巾料：40cm x 50cm
- 粉色印花全棉布：20cm x 70cm
- 粉色、灰色缝纫线

牛

- 白色全棉短毛绒：40cm x 90cm
- 粉色印花全棉布：17cm x 70cm
- 米色仿皮
- 黑色毛线
- 白色、粉色、米色缝纫线

裁剪

按照图样制作纸样并剪裁面料。鼠身和牛身各取 1 块 40cm x 40cm 的布块当一面，裁 1 块 25cm x 40cm 的全棉短毛绒和毛巾料作另一面。牛角和牛身上的花纹则用仿皮料裁，不需要留缝份。

缝制

把嘴的布块正面相对，缝合，翻面，并且塞入填充棉。老鼠尾巴布块正面相对，双折，缝合，翻面。给牛尾用 1 块短毛绒，8cm x 8cm，双折，缝合两个边，并在窄的一边夹上几根毛线，翻面。

给椅垫正面布块包缝。把当作底面的两片沿长边折起 1cm，缝合。然后把两片相搭（见左图），固定好，形成一个 40cm x 40cm 的椅垫正面。把上下两片椅垫正面在一边正面相对固定好，再把鼻子部分夹进去，缝合。

把耳朵的缝份向反面折好，烫平。把耳朵、牛角和牛背上的花纹都紧紧地沿着边车缝在椅垫正面上。

把另外三个垫边正面相对，固定，把尾巴夹在与头相对应的一边，缝合，翻面。

完成

把纽扣当眼睛缝上，绣出嘴巴，装入枕芯。

尺寸
40cm x 50cm

纸样
图样 90 ~ 96

难度
★

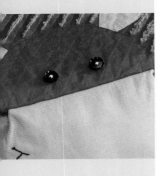

蓝色河马

材料

- 浅蓝色全棉布：40cm x 65cm
- 中蓝色全棉布：40cm x 130cm
- 浅蓝色、蓝色缝纫线
- 黑色绣花线
- 2颗黑纽扣：直径15 mm
- 平枕芯：40cm x 40cm
- 填充棉（余料）

裁剪

按照图样93和97制作纸样，并剪裁面料。垫面上片用2块中蓝色和1块浅蓝色的全棉布裁成40cm x 40cm。垫面的2个下片，各为25cm x 40cm，用中蓝色布裁剪。尾巴用浅蓝色布裁剪，为7cm x 10cm。

缝纫

把嘴巴布正面相对，固定，缝合，翻面，并塞入填充棉。尾巴布正面相对双折，缝合两个边，翻面。把垫面上片的3个布块正面向上摞在一起，把浅蓝色布块夹在中间，三层面料一起缝合（参看绳绒技巧）。

给靠垫布块锁边，把当作底面的2片沿长边折起1cm，缝合。然后把两片相搭固定，形成1个40cm x 40cm的垫面。把上下2片垫面的一边正面相对固定好，再把鼻子部分夹进去，缝合。

把耳朵的缝份向反面折好，烫平。沿着边把耳朵车缝在垫面上。用半个圆（从嘴巴的一边经耳朵再到嘴巴的另一边）当脸。小心地把垫面的最上两层布在各缝份中间剪开，留出圆脸不剪。把椅垫的上下两片正面相对，固定好，同时，把尾巴夹在与头对应的一边，缝合，翻面。用硬刷子使劲刷平剪开的缝。

完成

把纽扣当眼睛缝上，绣出嘴巴，装入枕芯。

绳绒技巧

采用此技巧可使平整的面料变得柔软舒适。同样的布块剪三四块。如果采用不同颜色的面料，会产生特别的色彩效果。把所有的面料全部正面向上摞在一起，然后，与面料布纹成对角，将所有的布块用小针脚，以1.5～2cm的距离平行地车缝。此后，把布块的上面几层小心地在缝份中间剪开。这里使用专门的绳绒裁刀最为合适。最底下的一层面料则保持完整。用硬刷子使劲刷剪开的缝，使面料起毛。

龇牙咧嘴的狗

提示

如果在靠背上缝
上拉链，会更方
便以后清洗。

材料

- 自然色全棉毛绒：25cm x 140cm
- 棕色全棉毛绒：43cm x 100cm
- 白色、棕色仿皮
- 白色、自然色、棕色缝纫线
- 黑色绣花线
- 填充棉：约300 g
- 平枕芯：直径40cm

裁剪

　　按照图样 98 ~ 101 制作纸样并剪
裁面料。垫面为圆形，用直径40cm
的纸做出纸型，再用棕色毛绒按纸型
裁出 2 片。眼睛和嘴用仿皮料裁，无
需留缝份。

缝制

　　耳朵、腿、胳膊的布块均正面相
对固定，缝合，翻面。往爪子里塞入
填充棉。用浅色毛绒做尾巴，10cm x
10cm，正面相对，双折，缝合两个边，
翻面。

　　给圆形布块锁边，正面相对，固定，
同时把胳膊、腿和尾巴夹在相应的位
置上，缝合，留 1 个大约25cm 的返口，
翻面。

　　把眼睛和尖鼻子缝在头的两个侧
边。按照图样缝上嘴巴，注意，只缝
一边。绣上眼球和牙齿（见左图）。头
侧的省正面相对，固定，夹上耳朵，
缝合。把头的两侧正面相对，缝合（留
返口）。往头里塞入填充棉，用藏针缝
手工缝合返口。

完成

　　用手缝针把头缝在靠垫上，用绣
花线绣出爪子的轮廓。从开口处装入
枕芯，再用藏针缝缝合。

啪啪作响的蛇

材料

· 蓝色全棉毛绒：45cm x 100cm

· 红色全棉毛绒（余料）

· 彩条短毛绒：24cm x 30cm

· 白色仿皮

· 2 颗黄色纽扣：直径 1.5cm

· 银色珠子：直径 5 mm

· 红色、蓝色、绿色（眼睛）缝纫线

· 黑色绣花线

· 填充棉：约 300 g

尺寸

大约 38cm

纸样

图样 102 ~ 104

难度

★

裁剪

按照图样 102 ~ 104 制作纸样并剪裁面料。眼睛用仿皮料裁剪，无需留缝份。

缝制

把用彩条短毛绒裁出的尾巴和蛇身布块正面相对，固定并缝合。舌头布块正面相对，缝合，翻面。

捏蛇头上的省，蛇身正面相对，固定，照图纸把舌头夹进去，缝合整圈缝份，留下开口，包边。

把蛇翻面，塞入填充棉，用藏针缝缝合开口。

完成

把纽扣缝在眼睛布块上（见左图），缝的时候最好用一根长针，拽着线，两只眼睛同时缝。用绣花线绣鼻子上的点，把珠子缝在舌头上。

大懒虫

材料

- 格子全棉布：42cm × 150cm
- 黑色全棉布：42cm × 50cm
- 白色、红色仿皮
- 黑色毛线
- 红色、白色、黑色缝纫线
- 黑色绣花线
- 填充棉（余料）
- 粮粒

裁剪

　　按照图样 102 和 105 制作纸样，并剪裁面料。用格子布裁 3 片虫身（其中 1 片裁成反向，当底片），再用黑色棉布裁 1 片。用仿皮料裁出眼睛和鼻子，不用留缝份。

尺寸

大约 40cm

纸样

图样 102、105

难度

★★

提示

为了使靠垫里的填充棉不团在一起，最好缝上分割线。把懒虫平铺开，用尺子或手把填充棉均匀地拍平，然后车缝上分割线（见图 2）。

缝制

　　3 片蛇身布块，1 块黑色布，2 块格子布，均正面向上摞好，留出 14cm 当脸，其他部分以 2cm 的间隔距离，对角车缝平行线，然后把上面的两层从间隔中心处小心剪开。

　　缝上眼睛和鼻子，绣上眼珠和嘴（见图 1）。

　　虫脚布块正面相对，缝合，翻面，塞入填充棉。身体的上下两部正面相对，固定，同时把脚夹在身体下边。把几根 10cm 长的毛线按照图纸当作头发夹进去，缝合缝份（留返口），把虫子翻到正面，用硬刷子刷车缝线。

完成

　　通过返口装入粮粒，然后用藏针缝缝合返口。

图 1

图 2

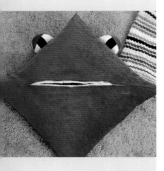

呆萌大嘴巴

材料

- 蓝灰色花纹绒：80cm x 150cm
- 白色短毛绒：12cm x 150cm
- 黑色短毛绒（余料）
- 红色仿皮：13cm x 25cm
- 黑色全棉布：80cm x 80cm
- 2 条蓝灰色拉链：各长 30cm
- 蓝色、黑色缝纫线
- 填充棉（余料）
- 枕芯：80cm x 80cm

尺寸

70cm x 70cm

纸样

图样 106、107

难度

★★

裁剪

按照图样 106 和 107 制作纸样并剪裁面料。用蓝灰色料剪正方形 70cm x 70cm，再剪 1 块稍微大些的 71cm x 71cm。把大三角形沿对角线剪开。用仿皮料裁好舌头，无需留缝份。裁 2 条各为 12cm x 60cm 的白色短绒布，用作牙齿。

缝制

按照图样 106，把左右眼睛的布块与黑眼球正面相对并缝在一起。然后，把这部分与眼睛花纹绒布块正面相对缝合，使每个眼睛有 3 个颜色。把缝好的眼睛翻向正面，塞入填充棉（见图 1）。

给靠垫布块锁边。把 2 个大三角形的斜边正面相对，从两头各缝起 19cm，然后把拉链缝在中间的开口处，并向外敞开。

把白色短绒的条形布块（6cmx 60cm）反面双折，用黑色绣花线绣出 4～5cm 宽的牙齿。把缝好的牙齿固定在拉链后边，注意牙齿应向外露出 1～2cm（见下页图 2）。另外，在一边的中间固定上舌头，然后，在距拉链 2cm 的地方从正面整圈缝合，拉起拉链。

把靠垫的 2 片正面相对，同时将眼睛夹在距角 20cm 处（配合好舌头的位置），整圈缝合，翻面。

完成

把黑色棉布整圈包缝，并缝在枕芯的一面上。然后，装入枕芯，注意黑色的一面对着嘴的开口。

图2

惊愕的面孔

材料

- 深红色宽条绒：85cm x 140cm
- 豹纹毛绒：毛长 2.5mm
- 白色仿皮（余料）
- 黑色棉绳：直径 6mm，长 80cm
- 2 颗黑色纽扣：直径 3 mm
- 白色、深红色、黑色缝纫线
- 枕芯（海绵填充料）：8cm x 60cm x 60cm

裁剪

按照图样 108～110 制作纸样并剪裁面料。眼睛、鼻子和嘴不需要缝份。剪 2 个正方形，各为 70cm x 70cm，2 个耳朵的布块各为 14cm x 23cm 的条形。

缝制

先把脸上的各部分缝在 1 块 70cm x 70cm 的垫面布块上。裁 1 条 60cm 长的黑棉绳当嘴，把绳的两头打结，并用针固定一下。以同样方法，用 10cm 的黑绳做眉毛。把所有这些都缝上。

2 条耳朵的布块各自纵向正面对折，缝合，翻面。

垫面布块锁边，正面相对并固定好。在有眉毛的一边的垫角 6cm 处夹进耳朵（见图 1），整圈缝合，并在一边留出 30cm 的返口。四个角向下捏缝 5cm。把由此形成的褶子整理成三角形状，当作上下垫面的中间结合缝，并由此缝合上下 2 片。给靠垫翻面。

各个边都量出 5cm，用珠针固定好，然后车缝 1cm 的明线当外边。这样使上下垫面的各边都形成 1 个外边，共 8 个边。

完成

缝上纽扣当眼珠（见图 2）。装入枕芯，然后用藏针缝缝合返口。

尺寸
60cm x 60cm

纸样
图样 108～110

难度
★

提示
如果缝上拉链，会更方便以后清洗。

图 1

图 2

缝纫小课堂

如何缝拉链？

图 1

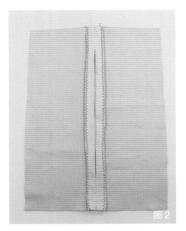

图 2

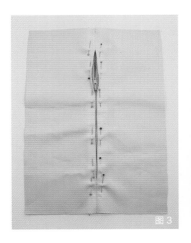

图 3

把两块面料固定好，在两头缝合，中间留出拉链的位置（见图 1）。把缝份烫向反面（见图 2）。

把拉链置于它的下边，并稍微露出一点（见图 3），固定，缝合。在拉链的两头各缝出一个小的方形。在作品未完成之前先拉上拉链。

最后作品可以从开口处翻面。车缝拉链时，需要特殊压脚。

如何缝制脚底或鼻子？

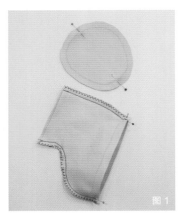

图 1

图 2

图 3

在敞开的脚口或脖口的两边对应点处，用珠针做上记号（这里是在缝线上），缝份倒向两侧。在做脚或鼻子时同样制作（见图 1）。

把鼻子或脚与其他缝份正面固定好，同时注意各布块上的标记（见图 2）。

然后将整圈缝份固定，弯拐得越小，珠针固定的密度就越大，以避免出褶（见图 3）。在里面形成的"环"上缝合。

如何缝眼睛、鼻子或嘴？

图1

图2

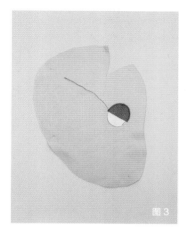

图3

先把纸样，比如眼睛，做好。然后，用仿皮料不留缝份裁出来。在头部的纸样上裁出眼睛（见图1）。

在头的布块的反面用笔画上记号，再在它的正面摆上纸板，把用仿皮料裁好的眼睛放在定好的位置上。用布艺胶粘好，晾干（见图2）。

去掉纸板，沿着眼睛布块的边，用小针脚车缝（见图3）。在开头和结尾不要倒针，应把线头揪到反面，打结。

如何缝角？

图1

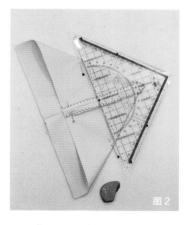

图2

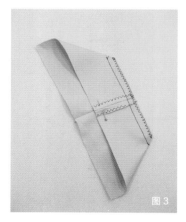

图3

布块正面相对摆在一起，车缝两边的缝份，并锁边（见图1）。然后把角折成一个三角状。

使上下2片的缝份倒向两边。确定好三角的高度（见图2），然后车缝该缝。

留出缝份，把其他部分剪下然后锁边（见图3）。

缝纫 ABC

省

在接近省的记号（圆弧）处剪牙口（见图1）。再把布块折起来，正面相对，固定。沿着画线缝合（见图2），铺开该缝（见图3）。

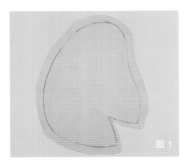

图1

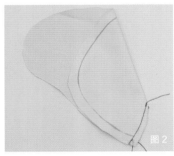

图2

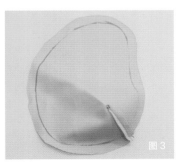

图3

工作场地

为了准备纸样和便于裁剪，应该有一张较大的桌子。为防止剪刀或珠针划伤桌面，可在桌面上铺上一层油布。面料要有足够大的地方打开铺平。

填充

化纤棉（羊毛）应一点点地往里装，这样才能避免出疙瘩。动物头部应塞得满满的，使其看起来更有立体感。返口处用藏针缝缝合。

布纹

每种纺织品都由经纱（纵向）和纬纱（横向）交叉织成。布纹的走向与经纱相同，与布边平行。裁剪时应顺着布纹，以避免布块走形。所以，应注意纸样上的标记。

黏合扣和黏合扣开关

同拉链一样，黏合扣也很适用于靠垫的开合。它是两个尼龙条（一边粗，一边细）合并而成。缝好后，两边相互一压即可。清洗时要把黏合扣粘上，以免其他线毛粘在上面。

圆形布块

裁较大的圆形时，借助辅助工具会方便很多。找一张足够大的纸，再用缝纫线把一支铅笔和一个珠针系在一起。笔和珠针尖之间的距离应是所需要圆的半径。然后，像使用圆规一样画圆。

缝份

如果缝线距布边太近，缝份和面料容易断裂，所以，缝份一般为 0.5 ~ 1cm。

面料的正反面

每个面料都有正反两面，正面是露在外面的一面。有图案的面料很容易辨认，花色清晰。

如果是面料正面相对，那么面料的正面（面料的外面）会被盖在里边，而面料的反面（颜色不那么清晰）则露在外边。

针码或针脚

每一针之间的距离大小，被称作针脚。如果是纫缝，一般选择比较小的针脚；反之，在整理锁边时，则可用大针脚。

双幅折痕/镜像图

把面料叠成双层，形成一道折痕，称作双幅折痕。在图纸上，双幅折痕表明一个布块的中心线，在这道印上（双幅折痕）是没有缝份的。

当面料较厚或式样比较复杂时，把纸样做成镜像图比较方便。可以直接在纸上作镜像，然后当作全图使用。也可以在面料上画出镜像线，在线的两边正反使用纸样。

面料的预处理

如果面料严重缩水，最好在使用前把面料垫上湿布熨烫或清洗一下。在购买面料的时候，应询问其缩水情况（也称作抽缩）。水洗的好处还在于可以防止以后掉色。

角的缝制

缝份到头时，抬起压脚，把面料在针扎透的情况下转向，然后放下压脚，继续缝制。

倒针

与用手缝针缝制相同，车缝时，开头和结尾都要倒针，防止线脱落。倒针时，向前车三四针，再向后车，然后再向前车（见图1）。

外露的明线，比如贴补眼睛时，不要倒针，而是把线用针挑到反面，然后打结。

图1

锁边

把料边用Z形缝线包住，使其不脱边起毛。如果款式简单，或者面料结实，可以在缝制之前锁边。当有些款式翻面之前缝份需要剪牙口，或者面料弹力太大时，就应在缝制之后锁边。

翻面

在给圆形或角度较小的缝份翻面时，应密密地剪牙口，缝份的尖和角应小心地剪斜。翻面后整理成型。

夹带

某些部分，比如胳膊、腿或耳朵需要夹缝在两片之间，称为夹带。

把准备好的耳朵夹在两层面料之间合适的位置上，并固定好（见图2）。缝合之前先翻过来试试，检查一下位置是否合适，另外还看看耳朵是否固定妥当（见图3），然后缝合（见图4），锁边，翻面。

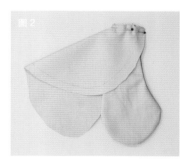

图2

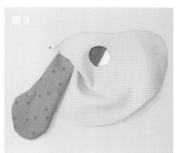

图3

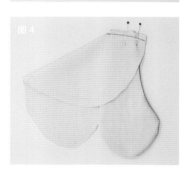

图4

111

多彩的
儿童世界

材料和工具

有些材料和工具是差不多做所有拼布手工时的必需品。这里列出了一些相应的内容。

1. 面料

首先，需要各种不同的面料。具体的面料要求在各款里都有说明。有些面料，尤其颜色比较鲜艳的面料，会出现掉色或缩水现象，因此，裁剪前都要水洗，全棉面料更是如此。洗的时候根据颜色不同（由深到浅）分开洗。几乎所有拼布专用面料的幅宽都为115cm，也有140cm或150cm的，而里料的幅宽能达到240cm。在计算用料时请考虑到缩水部分，买料时宁可多买些。

2. 裁剪工具

单片裁剪时你当然可以用剪刀，但为了更准确、更快地裁剪，你还需要一把轮刀。轮刀有各种大小和尺寸，小轮刀特别适合裁圆形布块，多功能轮刀的刀片可以更换，刀刃也有所不同。用轮刀裁剪时，还需要一块裁板。裁板也有不同尺寸的。

3. 尺子

为了方便使用轮刀准确裁剪，需要一把多功能尺压住面料，然后沿着尺子用轮刀裁。另外，尺子上还标有30°、45°、60°和90°的角，这些对拼布裁剪工作有很大帮助。

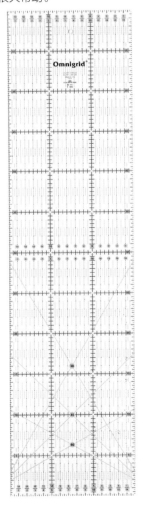

4. 复写纸

使用复写纸可省去把图样先复制到薄纸上的麻烦。可以把硬纸和复写纸同时置于图样下面，用裁剪专用的尖齿轮刀沿图样滚动，这样所需要的图样会显示在硬纸上，只需剪下样板图形即可。

5. 制作样板所需要的硬纸或塑料薄膜

为了把所需要的图样移到样板上，需要一块硬纸或塑料薄膜。首先把图样复制在复写纸或薄纸上，然后再移到硬纸或塑料薄膜上。三角样板可帮助你直接在硬纸或塑料薄膜上画出所需要的尺寸，然后剪下样板。

6. 冷冻纸或者绣花衬

冷冻纸或绣花衬可以多次使用。纸的一面可以贴烫在面料上，用过后可以很容易地取下来。如果小心使用，这种纸可以反复使用8~10次。

7. 缝纫线和绗缝线

缝合时用全棉线和化纤线，绗缝时用绗缝线，这种线很结实，上面涂有一层蜡。另外还有几种绗缝专用线，比如透明线或金属线。机缝线和手缝线也不同。

8. 画线笔

为把绗缝图案画在布上或者给贴布额外加一道轮廓线时，需要一种特殊的笔。如果做完成品后画线应被遮住，可以使用一种特殊的水溶笔（经水洗后画线消失）或者气消笔（经过一段时间后画线自行消失）。不过，使用这种笔时，一次画线不要太多，缝多少，画多少。否则，有些画线在未缝之前就会消失掉。

提示

不要在画线上熨烫，否则画线会消失不了。尤其是浅色面料，绗缝完毕后有些画线依然存在（其实有时会使图案显得更好看），你最好使用银色笔，它会使绗缝线有发光亮的感觉。当然，如果你愿意的话，也可用橡皮擦掉画线。

9. 珠针

为了在缝合之前把拼布块固定在一起，需要很多珠针。请使用拼布专用加长珠针或者扁头珠针。

10. 别针或疏缝线

为了把三层布料（拼布层、铺棉和里料）固定在一起，可用大针脚先将它们疏缝在一起，或者用别针别在一起。

11. 绗缝针

绗缝专用针很短，针头很尖，便于绗缝。

12. 绗缝绷子和架子

为了使绗缝图案更漂亮，有立体感，绗缝前可先把作品绷在绗缝绷子或架子上。绗缝绷子和架子款式很多，有圆形、椭圆形或四边形，尺寸也各异。

13. 顶针

绗缝时务必戴顶针。顶针也分金属和皮制两种。皮顶针用起来柔软舒服，适合各种粗细长短的手指。对于大多数人来说，柔滑的皮顶针比起坚硬的金属顶针用起来要方便得多。你可以选择最适合自己的顶针使用。

14. 缝纫机绗缝针

如果使用缝纫机绗缝，则需要特殊的缝纫机绗缝针。这种针可防止机缝时铺棉被带出。

15. 制带器

制带器有各种宽度，可以用它准备滚边用的滚边条。

提示

熨斗和熨衣架也应置于随手可取的地方。

拼布绗缝基础知识

细心是保证拼布作品圆满完成的前提。从开始裁剪到后来的缝合，都要做到准确无误。

拼布前的准备

将面料水洗归类后，就可以准备样板了。从原图上把所需要的图形（这里是三角形）移到薄纸上，然后再转到准备做样板的材料上，同时，不要忘记标记出布纹走向（见左图）。

注意

有些图形已经包含 0.75cm 的缝份，但是一般来讲都要加上缝份，这种情况会有特殊说明。

弧形样板

在做弧形样板或形状比较复杂的样板时，建议在缝份处画上标记，裁剪时剪出牙口，这可以保证你准确地缝合缝份（见下图）。

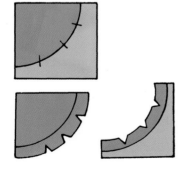

无样板裁剪

还有一种方法，可以不用样板就快速准确地裁剪出长方形、正方形和三角形。

当同块面料需要好几个时，可以把面料叠成四层，借助轮刀、裁剪板和万能尺准确地裁剪。在此，需要注意以下几点：

裁剪正方形和长方形

裁剪时，给布块所有的边都加上 0.75cm 的缝份，箭头指向布纹。

本书各款说明里都已包含了缝份。

成品尺寸

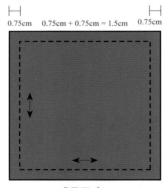

0.75cm　0.75cm + 0.75cm = 1.5cm　0.75cm

成品尺寸

0.75cm　0.75cm + 0.75cm = 1.5cm　0.75cm

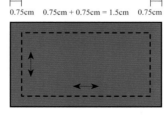

直角三角形的短边与布纹同向

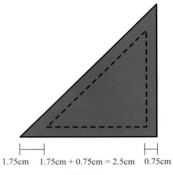

1.75cm　1.75cm + 0.75cm = 2.5cm　0.75cm

成品尺寸

借助裁剪工具，可以在不需要样板的情况下裁所有布块，这里所有尺寸都包含 0.75cm 缝份。

裁一块相应尺寸的正方形加上 2.5cm 缝份，对角剪开。箭头为布纹走向。形成 2 个三角形。

裁一块相应尺寸的正方形加

 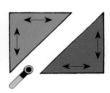

上 3.5cm 缝份，沿两个对角线裁开，箭头标明布纹走向。得到 4 个三角形。

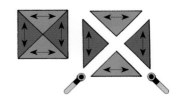

缝合

在缝份的头和尾（拐角点）各扎进一个珠针，如果是较大的布块，中间也得扎一些。

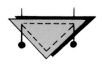

手缝

按缝份要求先小针脚回针，然后缝合。每隔三针回一针，保证缝牢。

车缝

在缝份的头和尾各扎进一个珠针，如果是较大的布块，中间也得扎一些（同手缝）。然后调整针距，在机器上用胶条贴出0.75cm的距离，当作缝纫记号；或者使用相应宽度的压脚。有些缝纫机的针位可以左右调节，只需把面料紧沿着压脚的右边压好即可。具体针位由自己调试。

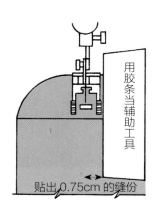

贴出0.75cm的缝份

用胶条当辅助工具

以0.75cm为缝份缝合布块，缝合时将珠针逐一取下。

同样的布块最好连缝，这样既省时间又省线，尾针不需倒针。

拼缝后断开各块。

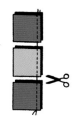

连接布块

先总体看一看所有布块和贴边：各布块或贴边是否都相同，是否有混合三角形、四方形、长方形等。如果是混合而成，先拼缝成正方形，所有缝份倒向一边，剪掉甩出来的角。

用两个或多个三角形拼缝成正方形，和一个纯正方形连接。

或者两个正方形并列缝在一起。

或者上下连接正方形。

把连接好的正方形和纯正方形上下连接成行。

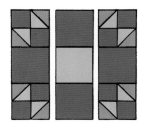

最后把各行缝合成一个完整拼布。

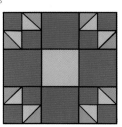

当然，也可以将布块先横向连接，然后再纵向连接成完整拼布。

熨烫

所有布块都尽可能地从正面向着一个方向熨烫。

倒向一边的缝份很结实（不用锁边），可以挡住铺棉。如果可能的话，尽量把缝份烫向深色面料一边，避免从正面看出缝份痕迹。下图显示的是缝合在一起，并且缝份倒向一边的两片。

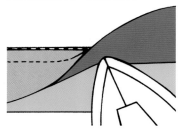

缝份烫平后的反面效果。

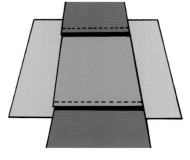

如果把两排拼布块缝在一起，那么第一排缝份倒向一边，第二排缝份则倒向另外一边。

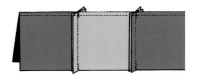

缝份倒向不同，在固定交叉点时会方便很多，摞在一起也不会显得太厚。如果要把两条以上的区块缝在一起，那么1、3、5、7行的缝份倒向一边，2、4、6、8行则倒向另一边。下图显示的是整烫后标准的拼布块反面。完美的十字交叉点应该就是如此。

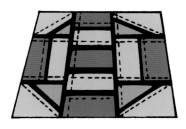

整烫条形拼布块

条形拼布块不应水平方向熨烫。

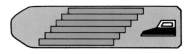

错

应垂直放在熨衣架上。

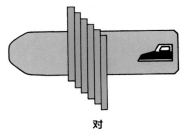

对

这样整烫出来的拼布块不会倾斜，会保持水平方向。

缝合各层

裁剪时里料应比面料大约5cm，正面向下平铺在桌子上，四周用胶条粘在桌子上。取一块同样大小的铺棉，平铺在里料反面上。再把拼布正面向上平铺在铺棉上，用珠针把这三层固定在一起。别的时候，要不断地用手从里向外捋平各层。

用手缝针将三层疏缝在一起。先从中间开始沿对角线方向缝起，然后分别从水平方向和垂直方向疏缝，其中间隔距离应在5～15cm。疏缝完毕后取下珠针。

提示

也可以不用这个方法，而使用别针（尽可能多的别针）固定。别针可以同时起到固定和疏缝的作用。只是在绗缝的时候（尤其是使用机器绗缝时）不太方便。

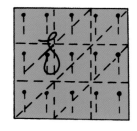

当然，也可以边绗缝，边逐一取下别针（比如绗缝完成的地方）。可以按照需要进行选择。现

在市场上还有专门的绗缝枪或者喷雾胶出售。

绗缝

绗缝的目的在于把三层材料（里料、铺棉和拼布层）连接在一起，并使铺棉在水洗时不致团成一团。各种绗缝图案对整个拼布来说也是一种额外的装饰。

绗缝永远从中间开始，逐渐向外扩展。

首先把绗缝图案从图样上复制下来。把图案粘在样板纸上，沿着图案的边小心地剪下来。剪的时候注意不要有断开的地方，整个图案应是完整的一块。把剪下来的图样用画笔或银笔描一下，把不连接的地方连上。

提示

市场上有现成的绗缝图案样板出售。可以直接剪下那些只需要绗缝边缘的图案，把轮廓画在面料上。

提示

还有一种可能，在三层缝合之前就将绗缝图案画到布块上（这种情况下不可以使用气消笔）。

在做对角绗缝时，可用气消笔或画粉和一个带45°角的裁剪尺画出斜线，方便绗缝。

手缝针绗缝

请使用短的绗缝针（比如9号绗缝针）。把拼布作品绷在绗缝架或绗缝绷子上。穿线并在线尾打结，然后在合适的位置上，从下往上用针穿透三层面料，往上提线，直至线尾的结穿进铺棉。也可以从拼布的正面入针，把线尾的结拽到铺棉内，拽的同时用手按着入针的地方。请在中指上戴顶针，用针鼻顶住顶针往下扎，直至针尖触到放在作品下面的手指肚，同时用这只手的另一只手指顶住作品。针尖触到手指后，再同时把针头往上送，扎针拽线。可以在下边的手指上也戴上顶针，最好是皮质或塑料的，起保护作用。用此办法均匀地将三层平针绗缝在一起。

经过一段时间练习后，可以一针下去连缝数针。练得越多，绗缝出的线条就会越整齐漂亮。用这种办法可以绗缝出各种各样的图案和线条。

沿着缝份或者挨着缝份绗缝，表明你是按着缝份的走向绗缝，绗缝的一边与缝份倒向的边相反

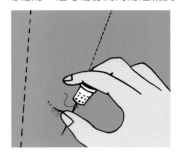

（也就是说，绗缝时不必同时穿过四层面料，只需穿透两层即可）。

另一个可能是在缝两边大约5mm处绗缝（见下图）。

绗缝结束时把线在针上绕三下，并把线头拽进铺棉。把针再从距绗缝处2.5~3cm的地方扎

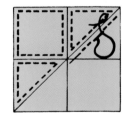

出来，拽线，使线结钻到面料下面。如果怕这样做线会松，不牢靠，也可以在绗缝线上回两三针，然后把线穿进铺棉，再从面上拉出来，拽紧（使线头缩回铺棉），剪断线头。

机器绗缝

装上 90 号针或者专用绗缝针，把机器上线调松。上下线的粗细要一致。也可以使用另一种专用压脚。现在很多缝纫机厂家都生产一种特殊的送布压脚，它可以使三层材料在不需要人拽的情况下，始终对齐。绗缝平行线时，可使用间距杆。

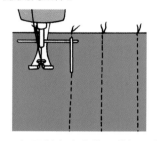

如果做自由绗缝，给机器装上自由绗缝压脚或绗缝压脚，降低送布牙。在面料上绗缝蛇形线或其他图案，绗缝时用手慢慢地往前送料，以相对来说较快的速度踩动机器。手与机器转动速度的配合可决定针脚的大小。你可以先在一块布上做试验，试一下手和机器之间的配合速度，同时也看一看上下线的松紧程度是否合适。

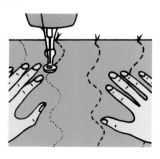

系扣：快速绗缝法

这是一种很有意思的绗缝法。采用系扣法之前，要在所有计划系扣的点上别上珠针，使三层材料先固定在一起。系扣之前，用一根较长、较粗的线（比如合股绣花线、钩针线，甚至是颜色匹配的毛线）穿针，用针穿透三层材料，并在原处缝两个回针，每次都缝在珠针上。在线的开始和结尾各留出 5～7.5cm 的长度。

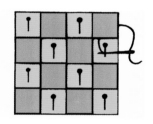

然后把线先是右搭左，然后左搭右系扣，把线拽紧，最后修剪整齐。

提示

如果将来这件拼布作品需要经常水洗的话，那就尽可能多地系扣。请注意，不是所有的铺棉都适合系扣，因为有的铺棉会在里面滑动。

用冷冻纸缝合

把图形用铅笔画到冷冻纸或绣花衬的反面并剪下来。

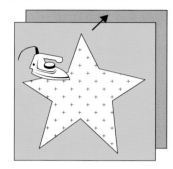

把图样烫在贴布块的反面。贴布块应裁得大些，与另一块布正面相对。

紧沿着图样的边用小针脚（1～1.5mm）整圈车缝两层面料，留出返口。小心地撤出冷冻纸（最多可重复使用 10 次）。

只留 5mm 缝份，剪下其余部分，转角或者尖角处的缝份要多剪些，直至离缝线很近的地方。

翻面，整理好缝份，塞入棉花，用手缝针缝合返口。

贴布的种类

机器直绣贴布：

把图形画到黏合衬的黏合面，然后剪下图形，剪大些。之后将其熨烫在将要贴布的面料上，再沿着轮廓线剪下图形。

去掉多余的黏合衬，把图样放在作背景的布上，摆好位置。在熨烫之前，可以随时调整它的位置。然后熨烫，和绣花衬（防止面料揪在一起）一起把图样置于背景布的背面。

用同色机缝线密密地以 Z 形针法缝上贴布。

提示

最好先用一块布试缝一下，必要时调整针脚和线迹宽度。试的时候先从 0.2 ~ 0.3mm 的针脚长度和 2 ~ 3 的线迹宽度开始。

用冷冻纸贴布：

先把贴布补衬一下，也就是说先把图形和补料缝合一下，使贴布更有立体感。

按照"用冷冻纸缝合"（见上页）里的说明缝合。

把冷冻纸图样整圈缝合，不留开口。

只留下 5mm 缝份，剪下其余部分，在转角和尖角处把缝份剪到距缝线很近的位置。把反面布衬的中间剪开，翻面。开口不必缝合，贴布后开口会被挡住。

把补衬好的贴布以小针脚藏针缝缝在背景布上。

提示

选择与贴布同色的线贴布缝。

正确滚边

绗缝完毕后，将里料、铺棉和面料修剪整齐，然后滚边。多数情况下滚边条的颜色与里料的颜色同色或者撞色，也可以叫作包边或连接色。滚边条可以是成品，也可以是自己准备的斜裁布条（尤其适合圆弧），或者是直布纹的滚边条（适合直边）。如果布长不够包裹拼布整边或一边，必须先接缝多个斜裁布条或直条。为了使直布纹的滚边条能和斜布纹的滚布条有一样平整的效果，两边条相接时缝成45°的斜角（见"接缝斜条"部分），缝份为0.75cm，剪掉多余部分，然后劈缝烫平。

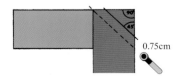

以下介绍几种滚边方法：

方法1（单边滚边）

先根据各款长度的需要把滚边条裁成6.5cm宽或其他宽度的条形，按照各款要求（如果需要）接缝窄的一头。把滚边条的反面纵向对折烫平，把敞开的边先与拼布的两个对应边的正面比齐，固定并车缝在一起。然后把滚边条对半折烫向背面，用手缝针藏针缝缝合。剩下的两个对应边用同样办法滚边，在折向背面之前先接缝短边或者烫向里面。

方法2（无终点滚边）

首先按各款要求以6.5cm宽度或其他宽度裁出相应长度的条形，并在窄边接缝。

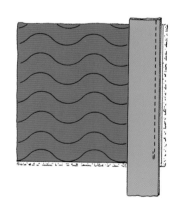

提示

滚边条的长度应比要求长度稍长些，连接滚边条首尾之前，再修剪。

滚边条反面对折并烫平，双折滚边条的开口与拼布边正面相对，一直固定到拐角，最好先从一边的中间开始。滚边条的前10cm先甩出不缝，然后车缝到距第一个拐角还有0.75cm的地方停下，并回针加固。

将拼布原位转90°，把滚边条先向上折，形成一个45°的角。

再向下折，使滚边条一边与拼布边比齐，必要时可以先固定一下。

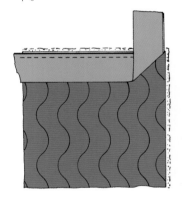

然后从头开始给接下来的边滚边，首针要回针加固。整圈滚边，其他角的缝制方法相同。最后留10cm先不缝，检查一下剩余长度。

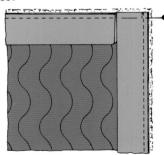

剪掉多余长度，不要忘记留出缝份，接缝滚边条的头和尾。然后给剩余部分滚边。把滚边条对半折向反面，拐弯处按已在正面形成的对角褶折起来，最后，把滚边条在反面用手缝针小针脚缝合，盖住接缝处。必要时可用手缝针固定一下拐弯处的褶。下图显示的是滚边后的效果。

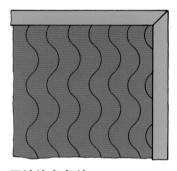

无滚边条包边

有些拼布作品不需要滚边条，这种情况下只需把三层材料缝合在一起。首先把里料和铺棉以面料为准剪齐，然后里料与面料正面相对，铺棉放在最上层，注意每层都要抒平，将三层外边车缝在一起，并在一边留出返口。把各边用 Z 形锁边或专用机器扦边。拐弯处的缝份剪小，翻面，返口用手缝针缝合。现在才开始疏缝和绗缝。

接缝斜条
方法1

首先按斜布纹裁剪斜裁布条，然后接缝。

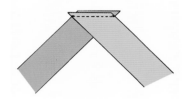

按长度要求裁 2 个或多个斜裁布条，连接至所需要的长度。

方法2

如果你需要很长的斜裁布条，这个办法最值得推荐。先剪一块 50cm x 50cm 或根据款式要求的正方形。把正方形对角裁开，形成两个三角形。

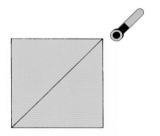

再接缝这两个三角形，把缝份劈烫开。然后照斜裁布条的宽度画出线。

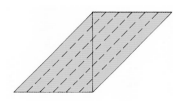

再把这块布缝成筒状，以条宽为准甩出两个角，使边与第一道画线吻合。

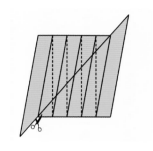

把缝份劈烫开，按照画线用剪子剪出一条长长的斜裁布条。

尺寸

约 92.5cm x 112.5cm

材料

面料、里料和贴布：

·全棉料

A = 35cm x 140cm
绿色条纹

B = 15cm x 140cm
绿色

C = 20cm x 35cm
黄色

D = 15cm x 15cm
印圈橘黄色

E = 15cm x 40cm
黄白格

F = 20cm x 50cm
橘黄色

G = 20cm x 50cm
红色

H = 15cm x 60cm
粉白格

I = 60cm x 150cm
深浅蓝印花

J = 155cm x 150cm
蓝白格

K = 10cm x 10cm
蓝白条

L = 10cm x 10cm
蓝条

M= 10cm x 10cm
牛仔蓝

（第 126 页继续）

游乐园爬行垫

准备

准备蝴蝶、蜜蜂、甲壳虫、太阳、树叶以及波纹布块 1-2，加上缝份；按照给出的数量在黏合衬上画贴布轮廓，并粗略地剪下来。甲壳虫图样为反影，便于你将其画在衬纸上，但最后的效果是正确的。另外在衬纸上画两个直径 9cm 的圆做花。

所有图样在第 286 页和 287 页。

裁剪

所有尺寸含有 0.75cm 缝份。

面料

A：15 个正方形，各为 6.5cm x 6.5cm

B：17 个正方形，各为 6.5cm x 6.5cm

C、F、G、H、I 和 N：各 2 个正方形，各为 6.5cm x 6.5cm

J、K、L 和 M：各 1 个正方形，6.5cm x 6.5cm

A 和 B：各 12 个长方形，各为 11.5cm x 6.5cm

第1道边条

J：2 个长方形，各为 41.5cm x 21.5cm

J：2 个长方形，各为 101.5cm x 21.5cm

A：2 个布块 1

A：2 个布块 2

第2道边条

I：2 个条形，各 6.5cm x 81.5cm

I：2 个条形，各 6.5cm x 111.5cm

贴布

贴布图样和布块：

面料 F 、G 和铺棉：各裁 1 个圆形做花

面料 C 和 O：各 4 个 3cm x 10cm 条形做蜜蜂

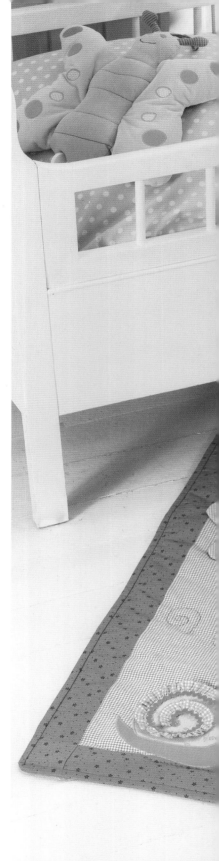

（124页材料继续）

 N = 10cm x 15cm
深蓝色

 O = 15cm x 30cm
蓝黑色

其他辅料

·25cm x 90cm 贴布用黏合衬

·60cm x 90cm绣花衬

·20cm x 50cm 黏合铺棉

·100cm x 120cm铺棉

·深蓝色、橘黄色、红色短绳

·40cm橘黄色波纹带，1cm宽

·40cm白绿格皱褶花边，2cm宽

·30cm深绿色波纹带，2cm宽

花心

面料C和H：直径12cm的圆各1个

背面

面料J：120cmx100cm

铺棉

120cmx100cm

滚边条

面料I：3条6.5cm x 150cm

缝制

正面

按照图样共缝合24块长方形和正方形布块。

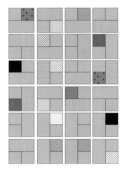

每行4个布块，共6行。将6行区块上下接缝，形成中间整体。

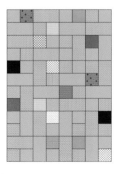

上面第1道边条：用面料A裁出纸样1的波纹条形；其反面直边与长方形J正面边比齐，沿着波纹边车一

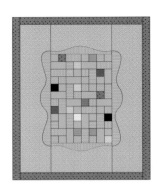

道窄明线，再车一道压脚宽的明线。把准备好的边条缝在拼布上；下边第1道边条方法相同。侧边第1道边条：用面料A裁出纸样2的波纹条形，同样和长方形面料J车缝在一起。然后把边条车缝在拼布上。接下来按顺序缝合上下左右第2道边条。

贴布

如果没有特殊说明，所有贴布均用Z形针迹缝合。把一块比贴布大将近5cm的绣花衬垫在贴布下面，可方便贴布。缝绳子用大Z形针迹，眼睛则用小的直线针迹，嘴巴用粗的Z形针脚缝。完成后撕下绣花衬。

太阳：先把12对尖角形布块正面相对缝合斜边，只留3mm缝份，其

余的剪掉。翻面。把太阳熨烫上去，把12个尖角均匀地压在太阳周围。缝补太阳和眼睛。取一根绳子当嘴缝上去。

蝴蝶：在面料 H 翅膀布块背面烫黏合铺棉；将两份一个有铺棉，一个没铺棉的布块正面相对缝合，在直边留出返口。熨烫上蝴蝶身体，同时在两边插进翅膀。在头上放两根绳子当触角。翅膀上烫上圆点，车缝螺旋形，同时固定翅膀。按个人喜好用绗缝线装饰身体和翅膀。缝上脸，固定触角。

蜗牛：熨烫身体和壳，在头上塞进两根绳子当触角，贴缝蜗牛。把花边和波纹装饰带螺旋形缝在蜗牛身上，缝上脸，固定触角。

蜜蜂：先用面料 C 和 O 条形布块纵向缝合成条形，然后把黏合铺棉烫在它的反面，仔细剪下蜜蜂身体；在面料 E 翅膀布块的背面烫上黏合铺棉，然后把两份各一个有衬和一个没衬的布块正面相对缝合，并在直边留出返口。只留 3mm 缝份，其余的剪掉。给翅膀翻面，烫上身体和头，同时将翅膀插进身体两侧，头上插两根绳子做触角。贴缝蜜蜂。在翅膀上车缝螺旋形。缝上脸，固定触角。

甲壳虫：把两对翅膀各自正面相对缝合，在两个直边留返口，留下 3mm 缝份，其余的剪掉。把翅膀翻面，烫上圆点，车缝螺旋形缝线。把身体和头烫上去，头上插两根绳子当触角。贴缝甲壳虫。按照图形摆好翅膀，分别在上边和直边车缝约 3cm 长的窄明线。缝上脸，固定触角。

花：把两对花叶布块各自正面相对，整圈缝合，留出返口，只留 3mm 缝份，其余的剪掉，翻面。烫上花瓣，同时将两个绿色波纹装饰带当作花枝插进去，螺旋形车缝花瓣，直线车缝花枝。摆上叶子，车缝叶脉形状。

用面料 C 和 H 各做一个花蕊。圆形布块的边向反面折 6～7mm，用较粗的线以手缝针疏缝整圈，首针打结固定。当首针和尾针重合时，小心拉疏缝线，形成圆形皱褶，固定线头。整理花蕊，然后用直线针迹缝在花瓣中间。

缝合各层

把面料、铺棉和里料摆在一起，捋平各层，从中间向外用别针或疏缝线固定。

在中间及波纹滚边上按个人喜好绗缝 12 个图案；在以面料 J 为底色的各贴布之间用小圈儿、波纹、小草等形状的绗缝线装饰一下。

收尾

把里料和铺棉以面料为准剪齐。把 3 条滚边条接缝成一长条，反面对折烫平，最后用它给爬行垫滚边。

动物贴画

尺寸

各约25.5cm x 25.5cm

材料

面料和贴布

 A = 15cm x 100cm
绿色条纹

 C = 5cm x 45cm
黄色

 D = 15cm x 15cm
印圈橘黄色

 E = 15cm x 40cm
黄白格

 F = 20cm x 20cm
橘黄色

 G = 15cm x 50cm
红色

 M= 25cm x 100cm
牛仔蓝

O = 15cm x 25cm
蓝黑色

其他辅料

· 3个相片框： 25.5cm x 25.5cm

· 贴布用黏合衬：20cm x 45cm

· 绣花衬：25cm x 75cm

· 铺棉：10cm x 25cm

· 橘黄色和黑色短绳

· 橘黄色波纹装饰带，宽1cm，长40cm

· 绿白格皱褶花边，宽2cm，长40cm

准备

准备蜜蜂和甲壳虫翅膀布块，需额外加缝份；把其他贴布图形按给出的数量画在黏合衬纸上，粗略剪下来。甲壳虫图样为反影，请同样画在黏合衬纸上，最后效果是正确的。所有图样在第 286 页和 287 页。

裁剪

所有尺寸含有 0.75cm 缝份。

面料

面料 M：3 个长方形，各为 30cmx 21.5cm

面料 A：3 个长方形，各为 30cmx 11.5cm

贴布

贴布图样：面料和数量以图纸为准。

布块：面料、铺棉及数量以图纸为准。蜜蜂身体为 4 块面料 C 和 O，尺寸为 3cm x 10cm。

缝制

面料

首先分别接缝三份长方形面料 A 和 M 的长边，把缝份烫向 A 的一边；锁边。

贴布

如果没有特殊说明，所有贴布都用 Z 形针迹缝合。把一块比贴布大将近 5cm 的绣花衬垫在贴布下面，方便贴布。缝绳子用大 Z 形针迹，眼睛则用小的直线针迹；嘴巴用密集 Z 形针迹车缝，之后撕下绣花衬。

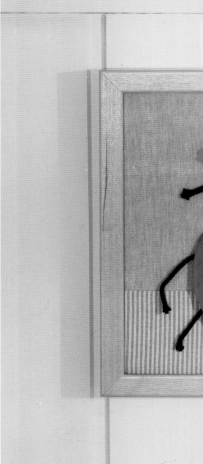

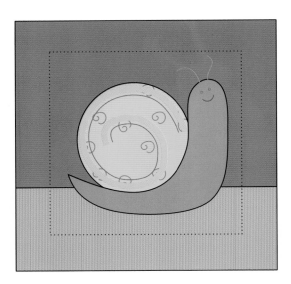

在面料 E 翅膀布块的背面烫上黏合铺棉，然后把两份各一个有衬和一个没衬的布块正面相对缝合，并在两个直边留出返口。只留 3mm 缝份，其余的剪掉。给翅膀翻面，车缝螺旋形；烫上身体和头，同时将翅膀位于身体两侧，头上插两根绳子做触角。贴缝蜜蜂。缝上脸，固定触角。

蜗牛：熨烫身体和壳，在头上塞进两根绳子当触角，贴缝蜗牛。把花边和波纹装饰带螺旋形缝补在蜗牛身上，缝上脸，固定触角。

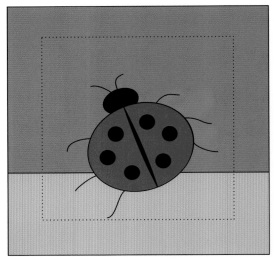

甲壳虫：把两对翅膀分别正面相对缝合，在直边留返口，只留 3mm 缝份，其余的剪掉。把翅膀翻面，沿着边整圈车缝窄明线。烫上圆点、身体和头，在头上插两根绳子当触角，身体两侧插进 6 根绳子当脚，缝补甲壳虫。按照图形摆好翅膀，分别在上圆和直边车缝约 3cm 长的窄明线，在翅膀底边用手缝针缭缝几针，否则翅膀是松开的。固定触角和腿。

收尾

把做好的拼布正面向外镶在镜框里。

蜜蜂：先用面料 C 和 O 的条形布块纵向缝合成条形，然后把黏合铺棉烫在它的反面，仔细剪下蜜蜂身体。

天使壁挂

准备

先准备翅膀和星星挂件布块。准备翅膀布块时要加进 0.75cm 缝份；星星则不需要。贴布图案 1~10 各准备 1 个；在黏合衬纸上画 4 个图案 11，粗略剪下来。贴布图案均为反影，只需照图描画即可，贴上后的效果是正确的。复印诗歌，并印在面料 A 上。

所有图样在第 284 页和第 285 页。

裁剪

所有尺寸含有 0.75cm 缝份。

正面

印有诗歌的面料 A：1 个长方形 16cm x 23.5cm

面料 B：1 个条形 a　6.5cm x 23.5cm

面料 B：1 个条形 b　6.5cm x 21cm

面料 B：1 个长方形 c　16.5cm x 28.5cm

面料 B：1 个长方形 d　36.cm x 16.5cm

第 1 道边条

面料 C：2 个条形 3cm x 16cm

面料 C：2 个条形 3cm x 23.5cm

第 2 道边条

面料 C：2 个条形 3cm x 43.5cm

面料 C：2 个条形 3cm x 36cm

贴布

所有贴布图案各 1 个，面料看说明。

翅膀

面料 A：2 个正面布块

面料 A：2 个反影布块

星星挂件

面料 B：2 个正方形 25cm x 25cm

背面

面料 B：1 个长方形 40cm x 50cm

铺棉

1 个长方形 40cm x 50cm

两片正影翅膀用铺棉

2 个正方形 25cm x 25cm

滚边条

面料 F：2 条 6.5cm x 36cm

面料 F：2 条 6.5cm x 46.5cm

挂套

面料 B：1 条 11.5cm x 34cm

缝制

正面

把第 1 道边条反面对折烫平，将两个短边条的开口边与面料 A 长方形的上下两边固定在一起，再用两个长边条与面料 A 长方形左右两边镶边。

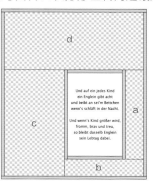

左右两个边条应压在上下两个镶边上。然后在镶边的四周拼缝 a 和 b，c 和 d。用同样办法准备第 2 道边条，先缝左右两边，再缝上下两边。

尺寸

37cm x 44.5cm

材料

面料和里料

· 全棉料

A= 20cm x 50cm
纯白色带星星

B= 20cm X 150cm
黄白格

C= 10cm X 150cm
浅橘黄色

D= 5cm X 10cm
原色

E= 15cm X 20cm
浅绿印花

F=15cm X 150cm
浅绿色

G=10cm X 10cm
橘黄色

H= 10cm X 10cm
蓝色

I = 5cm X 5cm
棕色

其他辅料

· 10cm X 50cm 贴布用黏合衬

· 40cm X 50cm 绣花衬

· 50cm X 75cm 黏合铺棉

· 直径 1.75cm 黄色、橘黄色、蓝色、绿色纽扣各 1 颗

· 浅棕色细毛线

· 绿色丝带：4mm 宽，10cm 长

· 月牙形花边：1.5cm 宽，20cm 长

· 绣花线：蓝色和黑色

在翅膀面料 A 的反面烫上黏合铺棉，然后分别将两份一个有铺棉、一个没铺棉的布块正面相对缝合，缝底边时留一返口，把缝份剪窄，圆弧处剪牙口，给翅膀翻面。按照图样用铅笔或消失笔在翅膀上画几道线，然后按画线车缝黄色明线。

贴布

Und auf jedes Kind
ein Englein gibt acht
und bleibt an sei'm Bettchen
wenn's schläft in der Nacht.

Und wenn's Kind größer wird,
fromm, brav und treu,
so bleibt dasselb Englein
sein Lebtag dabei.

按照图纸把贴布熨烫在拼布正面，注意按顺序熨烫。把翅膀插在背后，在袖子、脖子及裙摆上固定相应长度的月牙形花边，底下垫上绣花衬。

用合适的线缝上各个贴布，之后去掉绣花衬。在天使头后部喷些布艺胶，把剪成约 9cm 长的毛线密密地粘在胶上，直至整个头部填满。在头发中间多次横向车缝约 4cm 长的缝线，散开的线剪齐，并挑出毛。按照图纸用黑色绣花线绣出眼睛。

缝合各层

把铺棉黏在里料的反面，拼布放在铺棉背面，用别针或疏缝针从中间逐渐向外固定三层。

绗缝

在第 1 道边条与面料 B 长方形接缝处沿缝份绗缝。

收尾

星星挂件：把黏合铺棉熨烫在面料 B 正方形的反面，布块反面相对缝合。把星星纸样放置中间，画出其轮廓。

先用大直针迹缝出轮廓，然后紧挨着缝份剪去多余部分，沿缝份用密集的 Z 形针迹车缝。如果愿意，可将名字和体重用蓝色绣花线以锁链绣绣在星星的正面。再用蓝色绣花线钩 15cm 长做挂套，缝在星星的一个角上。

Und auf jedes Kind
ein Englein gibt acht
und bleibt an sei'm Bettchen
wenn's schläft in der Nacht.

Und wenn's Kind größer wird,
fromm, brav und treu,
so bleibt dasselb Englein
sein Lebtag dabei.

把铺棉和里料以面料为准剪齐，把滚边条反面对折烫平。先用短条做上下滚边，再用长条做左右滚边。把穿绳布块纵向正面对折，缝合三边，并在长边留返口，翻面，缝合返口。最后把穿绳套固定在背面滚边条稍下一些的中央。用手缝针藏针缝缝合穿绳套的长边。在星星上缝纽扣；丝带系成蝴蝶结，固定在头发上。

（壁挂内的诗歌中文）
每个孩子都有天使守护，
夜晚在床边伴他睡熟。
孩子长大后忠诚、勇敢，
天使会始终伴随他左右。

Und auf ein jedes Kind
ein Englein gibt acht
und bleibt an sei'm Bettchen
wenn's schläft in der Nacht.

Und wenn's Kind größer wird,
fromm, brav, und treu,
so bleibt dasselb Englein
sein Lebtag dabei.

Jacob
8.7.2010

尺寸

约32cm x 32cm

材料

面料、里料和贴布

· 绒布

A= 20cm x 65cm
浅蓝色

B= 20cm x 120cm
粉色

· 全棉布

C= 5cm x 40cm
蓝白条

D= 4cm x 4cm
蓝色

E= 5cm x 15cm
黄白格

F= 5cm x 15cm
橘黄色

G= 5cm x 15cm
绿色

其他辅料

· 10cm x 30cm贴布用黏合衬

· 35cm x 35cm绣花衬

· 20cm x 120cm铺棉

· 1个玩具钟

· 蓝绳，直径4mm，50cm长

· 化纤填充棉

蝴蝶音乐钟

准备

准备身体、翅膀和触角布块时，需加入缝份；贴布圆片直径1cm、2cm和2.5cm的各需要2片，直径3cm的需要4片。先画在黏合衬上，然后粗略地剪下来。

图样在第289页。

裁剪

正面和背面

面料 A：2 个身体

面料 B：2 个正翅膀

面料 B：2 个反翅膀

面料 C：4 个触角

铺棉

2 个正翅膀

2 个反翅膀

贴布

贴布数量和面料看图样。

缝制

正面和背面

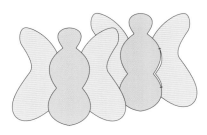

（正面，反面）

先把铺棉黏在相应翅膀的反面；按照图样在身体两侧各缝上 1 个翅膀，把缝份剪小并在圆弧处剪牙口；背面缝法相同，只是在一个缝份中间留一个返口，参照图示。

贴布

按照图样或图片把各贴布部分熨烫在正面，底下垫上绣花衬，用密集的 Z 形针和蓝色线缝眼睛，用橘黄色线缝其他圆圈，用铅笔或气消笔画嘴和身上的横线。用密集针脚绣嘴巴，身上的横线用直线针迹缝，然后去掉绣花衬。

触角

把两份触角布块各自正面相对缝合三边，留出短边，把缝份剪小至4mm，圆弧处剪牙口，翻面，往触角里塞满棉花。

收尾

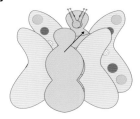

按照图上标记把触角敞开的一边与身体正面相对固定在一起，再把身体前后两片正面相对整圈缝合，在底边给玩具钟留一个 1.5cm 的开口。同触角一样，把缝份剪小至 4mm，圆弧处剪牙口。把蝴蝶翻面。

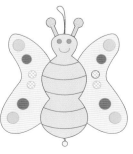

往翅膀里塞些棉花；把前后两面反面相对固定，然后在翅膀中间缝份处与身体接缝。装入玩具钟，从开口穿出绳子，最后用手缝针缝合开口，只留出拉绳的位置。往身体里塞入棉花，玩具钟周围塞满棉花。把第 2 个翅膀里塞些棉花，用手缝针缝合返口。前后两片重新反面相对固定，在第 2 个翅膀的中间缝份处与身体接缝。把吊绳对折，缝在头上。

尺寸

约92cm x 112cm

材料

面料、里料和袖子

· 全棉料

 A= 40cm x 150cm 灰条

 B= 75cm x 150cm 蓝色

 C= 5cm x 75cm 深蓝色

 D= 20cm x 60cm 蓝白条

 E= 20cm x 60cm 绿条

 F= 15cm x 80cm 绿色

 G= 15cm x 110cm 浅蓝色

其他辅料

· 透明塑料膜：15cm x 50cm，厚1mm

· 贴布用黏合衬：15cm x 30cm

· 绣花衬：15cm x 30cm

· 铺棉：60cm x 105cm

· 蓝色透明拉链：20cm长

· 3颗透明纽扣：直径3cm

· 蓝灰条松紧带：3cm宽，75cm长

· 浅蓝色黏合扣：2cm宽，6cm长

· 化纤填充棉

机器人收纳袋

准备

眼睛：在黏合衬上画两个直径13.5cm的圆，粗略剪下来。

裁剪

所有尺寸含缝份。

头

面料A：2个条形1，3.5cm x 6.5cm

面料A：1个长方形2，31.5cm x 7.5cm

面料A：1个长方形2a= 口袋内里，31.5cm x 7.5cm

面料A：1个长方形2b= 口袋背面，31.5cm x 9.5cm

面料A：1个长方形3，31.5cm x 12.5cm

面料A：2个长方形4，5.5cm x 11.5cm

面料B：4个长方形5，5.5cm x 6cm

面料B：2个条形6，7cm x 20.5cm

面料B：1个条形7，6cm x 50.5cm

面料B：2个条形8，3.5cm x 13cm

面料C：1个条形9，3.5cm x 27.5cm

头上的口袋=眼睛

面料G：2个圆形贴布

透明塑料膜：2个长方形12cm x 6.5cm

肚子

面料A：1个正方形1，41.5cm x 41.5cm

面料A：2个长方形2，4.5cm x 11.5cm

面料B：2个条形3，3cm x 11.5cm

面料B：2个长方形4，6cm x 4.5cm

面料B：2个条形5，6cm x 28.5cm

肚子上的口袋

面料D、E、F和G各1个长方形，16cm x 12cm

面料D、E、F和G各1个条形，4cm x 16cm

腿

面料B：4个条形1，3.5cm x 12cm

面料B：2个条形2，3.5cm x 11.5cm

面料C：4个条形3，3.5cm x 10.5cm

面料B：2个长方形4，10.5cm x 17.5cm

面料A：2个长方形5，13.5cm x 17.5cm

面料B：1个长方形6，8.5cm x 17.5cm

面料B：2个长方形7，8cm x 9.5cm

面料A：2个长方形8，18.5cm x 9.5cm

面料B：1个条形9，3.5cm x 9.5cm

面料B：1个条形10，3.5cm x 50.5cm

腿上的口袋

透明塑料膜：2个长方形10cm x 12cm

面料D：2个条形4cm x 13.5cm

胳膊

面料A：2个条形1，7.5cm x 15.5cm

面料A：2个条形2，6.5cm x 16cm

面料D、E、F、G：各4个条形2，6.5cm x 16cm

背面：面料B：1个长方形55cm x 100cm

铺棉：1个长方形55cm x 100cm

穿绳套：面料B：1个条形11.5cm x 45cm

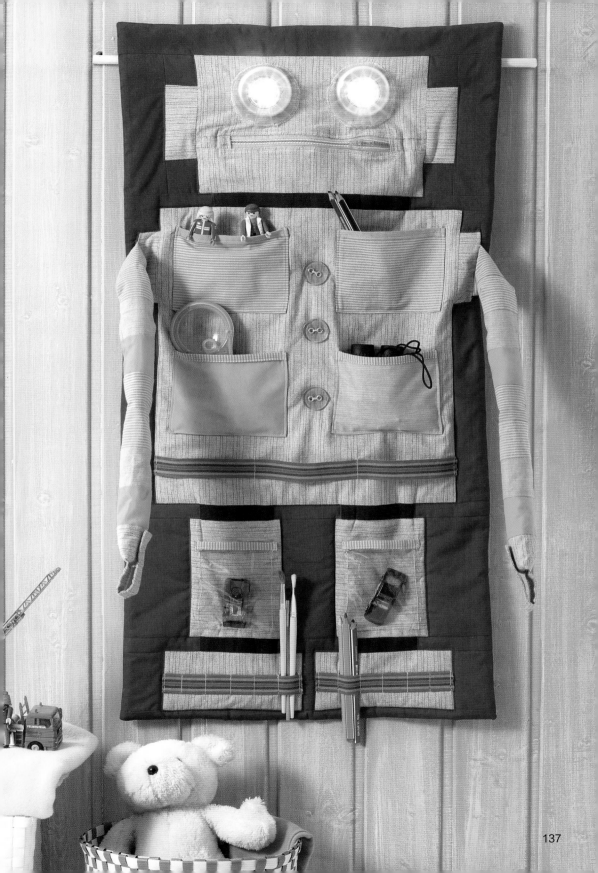

137

缝制

袖子

把面料 A 条形 1 布块长边正面对折，缝合一长边和一短边，翻面；在它中间缝一个 3cm 长的黏合扣，在面料 A 袖子条形布块 2 上缝黏合扣的另一面。把面料 A 条 1 与 D、E 和 F 条 2 按照图纸顺序拼缝 2 次，然后长向正面对折缝合。把袖子翻回到中间，缝袖口的同时缝上袖襻，给袖子翻面，塞些棉花。

头

拉链口袋：先把条形 1 的两个窄边缝上拉链两端；长方形 2 接缝在拉链的下边；把长方形 2a 当作口袋贴边，从里边与拉链缝合，反面相对向下折。长方形 2b 当作口袋背面，和接缝好的口袋整圈固定；长方形 3 缝在口袋上边。其他部分按图所示缝合，如有必要，先缝合成条状。

肚子

按图所示缝合 1 ~ 5；如有必要，先缝合成条状。缝的时候在 2 和 3 夹缝袖子。

腿

按图所示缝合 1 ~ 10；如有必要，先缝合成条状。

正面整体

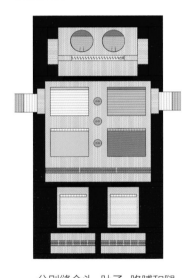

分别缝合头、肚子、胳膊和腿。

头上的口袋：把眼睛圆片用 Z 形针缝在面料 A 长方形 3 上，缝的时候底下垫一块绣花衬起支撑作用，贴布完毕后去掉绣花衬。在长方形塑料膜的窄边中间向外折两个大约 1cm 的褶，缝口袋时，褶应该位于下眼睑，然后沿着贴布缝车缝直趟明线，剪下多余塑料膜。

肚子和腿上的口袋

在面料 D ~ G 和塑料膜长方形上，分别按图纸说明缝上面料 D ~ G 的斜裁布条，把所有面料锁边（塑料膜不锁）。把所有贴兜折好缝份，均匀地缝在肚子面料 A 正方形上，同时把各个兜的贴边折好缝住。

剪一段 41.5cm 和两段 18.5cm 的松紧带。折上长松紧带的两头，缝在距肚子 A 下边大约 4cm 处，松紧带上均匀地车两道垂直线。短松紧带以同样方法缝在距面料 A 长方形腿底边 2cm 处，并垂直车 5 道明线。

接缝各层

里料的反面放在铺棉上，把装上袖子的正面固定在里料和铺棉的正面中间，正面向上，缝合整圈，底边留返口，以正面为准，剪齐里料和铺棉。翻面，用手缝针缝合返口。

绗缝

沿着机器人轮廓车缝整圈窄明线。

收尾

按照图形缝纽扣。穿绳套布块长边正面折叠，缝合长边，中间留一返口。转动缝份，使其置于中间；劈烫缝份；缝上两头，翻面，用手缝针缝合返口。把穿绳套的缝份放在下面，缝合固定在背面距顶边 4cm 处，用藏针缝缝合长边。

猫咪手袋

准备

准备手袋纸样，加 1cm 缝份；在黏合衬纸上画贴布图形，粗略剪下。贴布图案为反影，照图描画，成品是正确的。图样在第 286 页。

裁剪

所有尺寸含有 1cm 缝份。

面料

面料 A：2 个布块

面料 B：2 个长方形，26.5cm x 9.5cm

里料

面料 C：2 个布块

面料 B：2 个长方形，26.5cm x 9.5cm

背带

面料 A：2 个条形 ,8cm x 62cm

面料 C：2 个条形 ,7cm x 62cm

贴布

面料 C：1 个贴布图形

缝制

正面

按照图样把猫咪熨烫在面料 A 手袋布块上，贴布底下全部固定上绣花衬，然后用粉色线沿着边用小针脚直线车缝猫咪。

提示

为突出贴布轮廓可车缝三道直线。最里边轮廓线先按图样用铅笔或气消笔描一下，然后用黑色缝纫线压上。剪 3cm 装饰花边放在脖子上，注意让红点位于正中，把花边两边往里折，形成一个正方形（完成尺寸约 1cm x 1cm），沿着边车缝窄明线。剪 15cm 丝带，系成蝴蝶结，缝在尾巴上。

把面料 A 手袋布块上方抽褶，使其成为 26.5cm 长。

用面料 B 的 2 个长方形分别与手袋的前后两片边抽褶边接缝，缝份锁边，并把缝份烫向面料 B 的一边。从正面沿缝份 5mm 车缝明线。把前后两片正面相对缝合，翻面。

尺寸

约 33cmx 34cm

材料

手袋面料和里料

· 全棉布

 A= 30cm x 150cm 浅灰条

 B= 15cm x 115cm 粉红印花

 C= 30cm x 150cm 红白格

其他辅料

· 粉色红点花边：1cm 宽，130cm 长

· 粉色丝带：8mm 宽，45cm 长

· 贴布用黏合衬：15cmx 20cm

· 绣花衬：15cmx 20cm

背带

将面料 A 和面料 C 背带布块正面相对，缝合长边，翻面并且烫平，熨烫时把面料 C 移到中间，使面料 A 均匀地位于面料 C 两侧。

剪 62cm 装饰带车缝在面料 C 上。

第 2 条背带做法相同。

里料

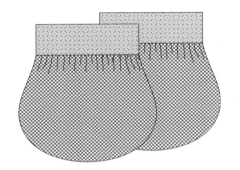

按照手袋正面的缝法把剩下的面料 B 长方形和面料 C 缝合在一起，缝时在底下留一个返口。

收尾

把背带两端插在距侧缝 5cm 的面料、里料之间，面料、里料正面相对，缝合整个上边，同时也将背带一起缝住。从里料的返口处翻面，返口处的缝份向里折，边和边比齐，缝合。在距手袋上边 0.75cm 处车缝整圈明线。剪两段 15cm 长的丝带，系成蝴蝶结，并固定在面料 B 和 C 的侧缝结合处。

141

小侦察员
爬行垫

尺寸

约137cm x 162cm

材料

面料

· 全棉布

 A=印有较大儿童图案的花布，裁剪30块10.5cm x 10.5cm的正方形，并且使每个布块中央为一整图。

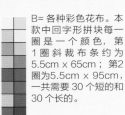 B= 各种彩色花布。本款中回字形拼块每一圈是一个颜色，第1圈斜裁布条约为5.5cm x 65cm；第2圈为5.5cm x 95cm，一共需要30个短的和30个长的。

 C=50cm x 110cm 白黑印花

D=50cm x 110cm 黑白印花

滚边条

 E=45cm x 110cm 红色花布

里料

· 化纤绒

 F= 180cm x 150cm 红色印花

其他辅料

· 铺棉
  180cm x 150cm

· 彩色绣花线

裁剪

所有尺寸含有 0.75cm 缝份。

30个回字形拼块

面料 A：30 个正方形 10.5cm x 10.5cm

面料 B：30 个斜裁布条，5.5cm x 65cm

面料 B：30 个斜裁布条，5.5cm x 95cm

边条

面料 C：55 个长方形，6.5cm x 11.5cm

面料 D：55 个长方形，6.5cm x 11.5cm

面料 C：1 个正方形，12.5cm x 12.5cm

面料 D：1 个正方形，12.5cm x 12.5cm

滚边条

面料 E：6 个斜裁布条，6.5cm x 约 110cm

背面

面料 F：长方形 150cm x 180cm

铺棉

长方形 150cm x 180cm

缝制

回字形拼块

尺寸：共缝 30 个回字形拼块，每个为 25cm x 25cm（不含缝份）。先按照下图裁剪各个长度的斜裁布条，图中编号为每个拼块内的位置编号。斜裁布条 1~4 同一颜色，5~8 同一颜色。

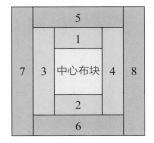

斜裁布条 1：5.5cm x 10.5cm

斜裁布条 2：5.5cm x 10.5cm

斜裁布条 3：5.5cm x 18.5cm

斜裁布条 4：5.5cm x 18.5cm

斜裁布条 5：5.5cm x 18.5cm

斜裁布条 6：5.5cm x 18.5cm

斜裁布条 7：5.5cm x 26.5cm

斜裁布条 8：5.5cm x 26.5cm

在正方形布块周围分别按顺序号拼缝斜裁布条。每一拼块内的颜色可自定，也可按照款式说明安排。

中间部分

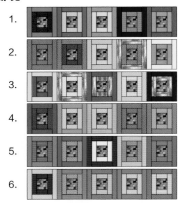

每一行是 5 个区块，一共 6 行。上下拼接 6 行，形成被子的中间部分。

正面全貌

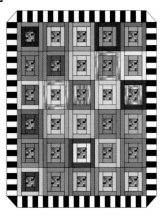

两侧滚边：把两份各 15 个面料 C 和 D 的长方形顺条接缝起来，然后缝在中间区块的两侧。把面料 C 和 D 的正方形布块对角裁开。

底边：把 13 个面料 C 长方形和 12 个面料 D 长方形交替接缝在一起，最后接缝两头各一块 D 三角。

上边：把 13 个面料 D 长方形和 12 个面料 C 长方形交替接缝在一起，最后接缝两头各一块 C 三角。接缝上下两个滚边。

缝合各层

把背面、铺棉和正面叠在一起，捋平，用珠针或疏缝针把三层从中间向外围固定在一起。

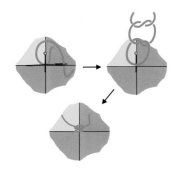

绗缝

在每个回字形区块的角上系上绣花线，以此当作绗缝。

收尾

背面和铺棉以正面为准剪齐；拼接 6 个滚边条，然后纵向反面对折烫平，用它给被子滚边。

男童双肩背包

准备

准备纸样 1~3，需加 1cm 缝份。

图样在第 288 页。

裁剪

所有尺寸均包含 0.75cm 缝份。

面料

面料 A：正面 = 1 个布块 1

面料 A：底部 = 1 个布块 2

面料 A：背带 = 2 个布块 3

面料 A：背面 =1 个长方形 30cmx 32cm

面料 A：背包盖 = 1 个长方形 14.5cm x 18cm

面料 A：背带穿套 = 2 个斜裁布条，7cm x 36cm

面料 A：背带 = 2 个斜裁布条，6cm x 75cm

面料 A：外口袋 = 2 个斜裁布条，18cm x 65cm

塑料膜：3 个圆，直径 13.5cm

背包里料

面料 B：正面 = 1 个布块 1

面料 B：底部 = 1 个布块 2

面料 B：背面 =1 个长方形 30cmx 32cm

面料 B：背包盖 = 1 个长方形 14.5cm x 18cm

缝制

背包外面

先把两个外口袋斜裁布条正面相对，缝合 1 个长边，翻面；把敞开的一边和背包底部正面比齐，并且把两个侧边以包身正面为准剪齐。

先拿开口袋条，紧沿着它的正面缝合，车缝针织带，把圆形塑料布块均匀地用 Z 形针缝合上去，缝的时候先往里放塑料小动物。

再把口袋条放在背包正面，固定

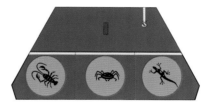

两侧及底边；在两个圆之间垂直车缝明线。对折剩下的针织带，套进钥匙钩，留 1cm 距离，横向车一道明线。把准备好的钥匙钩固定在距背包正面右上缝份 4cm 处。按照图纸位置车缝黏合扣毛刺面。

尺寸

约40cmx 35cm

材料

背包面料和里料

全棉布

A= 80cm x 140cm 棕色

B= 75cm x 110cm 浅棕印花

其他辅料

· 透明塑料膜：1mm 厚，15cm x 45cm

· 针织带：米色+橘黄色+棕色，85cm

· 1个钥匙钩：2cm宽

· 棕色黏合扣：2cm宽，4cm长

· 3个塑料小动物，5cm x 5cm

背带

　　背带斜裁布条两边各向中间折烫 1cm，再长向对折，车缝明线。把背带襻上方的边向里折出缝份，然后对折三角，把背带两头分别插进两个三角，并沿着三角边车缝窄明线，同时把背带一起缝住。按照图上位置把背带缝在背包正面。

背包盖

　　把黏合扣的另一面缝在背包盖面料 B 正中距窄边 2cm 的地方，长方形面料 A 与其正面相对，缝合长边和带黏合扣的短边，翻面；再把包盖敞开的一边与背包后片正中固定在一起。

包带穿套

　　把穿套两头的缝份向里折，并车缝固定。长向对折两个斜裁布条，烫平；分别把两个穿套敞开的边固定在背包正面上方和背面上方，越过包盖缝合固定。背包前后两片侧缝缝份不定，缝合两片及包底，背包翻面。

里料

　　缝合前后两片，留出返口，接缝包底。

收尾

　　把背包面料、里料正面相对，缝合上边，翻面，缝合返口。把右边背带从右向左穿过后面穿套，然后再穿进前面穿套大约 2cm，缝在穿套底边；左边背带从左向右穿过前面穿套，然后再穿进后面穿套大约 2cm，缝在穿套上边。

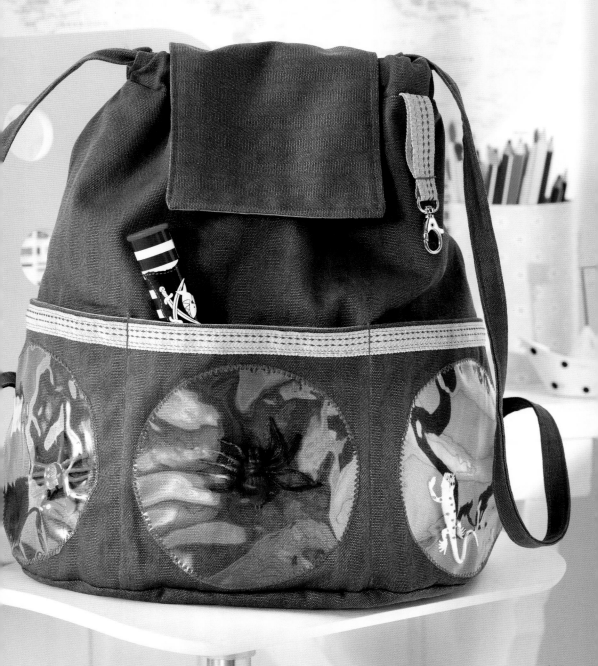

尺寸

约11cm x 7cm x 11cm

13cm x 9cm x 13cm

18cm x 11cm x 18cm

材料

面料和里料

· 全棉布

 A= 25cm x 110cm
牛仔蓝

 B= 40cm x 110cm
大白点

 C= 40cm x 110cm
小白点

其他辅料

· 12颗蓝色白点纽扣，直径

1.5cm

· 黏合铺棉：50cm x 90cm

· 贴布用黏合衬：10cm x

25cm

· 3朵红白色钩花，直径

3cm

三个收纳筐

准备

在黏合衬上画 4 个贴布图案，粗略剪下来。图样在第 285 页。

裁剪

所有尺寸均含有 0.75cm 缝份。

小筐

面料 A：4 条 8cm x 20cm

面料 B：4 条 8cm x 20cm

铺棉：4 条 8cm x 20cm

中筐

面料 A：4 条 10cm x 25cm

面料 C：4 条 10cm x 25cm

铺棉：4 条 10cm x 25cm

大筐

面料 B：4 条 12cm x 30cm

面料 C：4 条 12cm x 30cm

铺棉：4 条 12cm x 30cm

面料 A：4 个贴布

缝制

用 3 种斜裁布条和同一种方法缝制 3 个筐。

面料

把一个斜裁布条的窄边与另一个斜裁布条长边的上部正面相对。

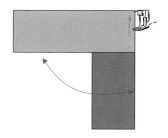

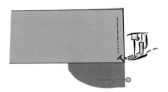

缝合上部窄边，首针先让出0.75cm，回针加固。在缝份拐弯处把针脚变小，再留出缝份宽度（转角处图中绿色标记）不缝。

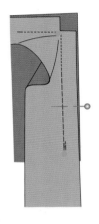

把机针扎在面料里，抬起压脚，转动缝份45°，再让出缝份2mm重新入针。

同时注意面料要平整，然后把顺下来的长边和底下的斜裁布条固定在一起，放下压脚，继续车缝几针，然后把针脚调回正常宽度。在距下一个窄边缝份0.75cm时，再停下，回针加固。甩下的一段就是后来的翻角。

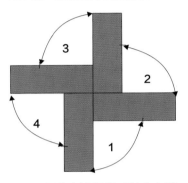

用同种方法沿顺时针方向缝合另外三边，直至斜裁布条1~4接缝完毕，全部翻面。

里料

先把黏合铺棉和里料黏在一起，然后按照面料缝合办法缝合。

把面料、里料对在一起，缝合敞开的三角，缝时从拐弯处开始和结束。首尾针都要回针加固，之后把缝份剪小，从返口处翻面，把各个角完全翻出，手缝针缝合返口，把各个角向下折。

收尾

用纽扣固定小筐三角；把纽扣和钩花用手缝针缝在中筐三角上，角固定在面料上；在大筐三角上熨烫上贴布，直针固定，中间缝纽扣。

房子拼图

说明

这个作品的特点在于贴布的随意性。所有贴布图案都尽可能手工随意剪出。请你任意发挥想象力，书中的图案和尺寸不过是一个大概的提示。斜边及不规则的边是不可避免的，甚至是希望得到的效果。本款贴布无需黏合衬，只需用黑色线车缝两三道窄明线即可。

准备

各贴布图案均在透明纸上画 1 个。图样在第 290 页和 291 页。

裁剪

所有尺寸均含有 0.75cm 缝份。

24个方形

面料 A：24 个长方形，33cm ×（17~27）cm

面料 B：24 个长方形，33cm ×（5~20）cm

贴布

面料 C：可按照图样制作，亦可随意拼贴。

提示

可借用面料上的图案，比如可把面料上的脸孔、动物及花朵当作贴布图案采用。

第1道边条

面料 D：4 条，4.5cm x 91.5cm；分 2 份接缝 2 个窄边。

面料 D：4 条，4.5cm x 64.5cm；分 2 份接缝 2 个窄边。

第2道边条

面料 E：2 条，16.5cm x 187.5cm

面料 E：2 条，16.5cm x 157.5cm

滚边条

面料 D：8 条，6.5cm x 110cm

背面

面料 F：2 个长方形，116.5cm x 165cm

铺棉

2 个长方形铺棉，115cm x 165cm

缝制

先把 24 个面料 A 和 B 长方形上下接缝，形成 1 个大约 33cm x 33cm 的正方形。

贴布

随个人意愿或按照图样把贴布缝在正方形拼布块上。额外可以再添加些其他的点缀，比如窗帘、小鸟、太阳光、叶脉或者炊烟等，都可以用车缝黑色直线来表示。

尺寸

约158cm x 218cm

材料

面料及滚边条

· 全棉布

A= 约 170cm × 110cm 浅蓝色

B=（10~20）cm × 35cm，24 块不同图案、深浅不一的绿色全棉布

C= 各种不同图案的彩色儿童印花布

D=75cm × 110cm 蓝绿色

E=190cm×110cm 绿色儿童图案

里料

F=330cm × 140cm 蓝色法兰绒

其他辅料

铺棉　330cm x 150cm

中间部分

把每个正方形贴布块修剪成 31.5cm x 31.5cm。

每行接缝 4 块正方形，共接缝 6 行，形成整个中间部分。

整体正面

按照图上办法先在拼图左右两侧接缝面料 D 第 1 道边条，然后接缝上下两边。同样，面料 E 第 2 道边条也是先接缝左右，再接缝上下。

缝合各层

先纵向接缝 2 块长方形里料；将 2 块长方形铺棉的长边对在一起，用十字针迹接缝。背面、铺棉和正面叠在一起，捋平各层，从中间逐渐向外围将三层用珠针或者疏缝针固定在一起。

绗缝

绗缝每个方块和每道边条接缝。

收尾

以正面为准，修剪背面和铺棉。接缝斜裁布条两头，使其变成长条，然后对折烫平，滚边。

尺寸

约25cm x 40cm（不包括套环）

材料

面料

· 全棉布

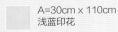
A=30cm x 110cm
浅蓝印花

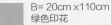
B= 20cm x110cm
绿色印花

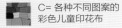
C= 各种不同图案的彩色儿童印花布

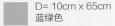
D= 10cm x 65cm
蓝绿色

里料

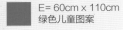
E= 60cm x 110cm
绿色儿童图案

其他辅料

· 黏合铺棉　60cm x 90cm

小房子窗帘

说明

这个窗帘的特点在于贴布的随意性。所有贴布图案都尽可能手工随意裁出。请你任意发挥想象力。书中的图案和尺寸不过是一个大概的提示。倾斜和不规则的边是不可避免的，甚至是希望得到的效果。本款贴布无需黏合衬，只需用黑色线车缝两三道窄明线即可。

准备

各贴布图案均在透明纸上画 1 个。图样在第 290 页和 291 页。

裁剪

所有尺寸均含有 0.75cm 缝份。

4个窗帘

面料 A：4 个正方形，26.5cm x 26.5cm

面料 B：4 个长方形，26.5cm x 16.5cm，在每个长边的角上剪 1 个 45° 角。

贴布

面料 C：可按照图样裁剪，亦可随意。

提示

可借用面料上的图案，比如可把面料上的面孔、动物及花朵当作贴布图案采用。

挂套

面料 D：4 条，7.5cm x 15.5cm

里料

面料 E：4 个长方形，45cm x 28cm

铺棉

4 块长方形铺棉，45cm x 28cm

缝制

制作 4 份，接缝面料 A 正方形和 1 个面料 B。

贴布

可随个人意愿或按照图样把贴布缝在接缝在一起的正方形布块上。额外可以再添加些其他的点缀，比如窗帘、小鸟、太阳光、枝叶或者炊烟等，都可以用车缝黑色直线来表示。

收尾

挂套：把斜裁布条纵向正面对折接缝，翻面，在两侧各车缝一道 0.75cm 的明线。把所有斜裁布条都准备好。长方形黏合铺棉熨烫在背面的长方形上，再将面料、里料的反面对在一起，以正面为准，剪齐。正反两面正面相对，把两个挂套开口一边插在上边，缝合整圈，在长边留一返口，把尖角处的缝份剪小，翻面，手缝针缝合返口。

恐龙玩具

准备

准备布块 1~11，加入缝份。图样在第 292 页和 293 页。

裁剪

面料

面料 A：布块 2~4，6，8+9 各 1

面料 A：1 个布块 7，正影面

面料 A：1 个布块 7，反影面

面料 B：1 个布块 1

面料 C：2 个布块 5

面料 D：2 个正方形，6cm × 6cm

内里

面料 B：2 个布块 10

面料 B：1 个布块 11

缝制

外面

前面：按照图上所示把布块 1（嘴内层），双幅折痕处正面对折，在反面捏个 0.5cm 的褶，看图中 A 点。接缝布块 1 和 2（上嘴唇和图中 B 点）。按照图中标出的双幅折痕正面双折上唇，并缝合两侧直至图中星星位置。把布块 3（下嘴唇的圆弧边与嘴里料）正面相对，使图中两个 A 点相对，缝合 A 之间的圆弧，下嘴唇应打些褶。把布块 4（腹部面料，即图中位置 C），与下嘴唇接缝在一起。

里料：先把 2 个布块 5（犄角）正面相对，小针脚（针脚长 1~1.5cm）缝合犄角上的尖，缝份剪小至 5mm，尖角处和凹陷处打深牙口，翻面，小心翻出尖角。

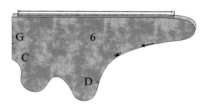

（图：加入犄角；后背 / 尾巴缝合至此）

布块 6= 后背和尾巴正面相对，把脊背犄角如图中所示夹进去，缝合后背直至标记处，然后铺平后背。

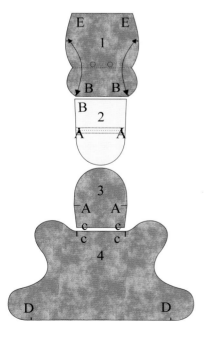

尺寸

约34cm x 62cm

材料

面料、里料

 A= 50cm x 140cm 针织面料，蓝黄绿交织色

 B= 25cm x 140cm 棉毛料或平针织料，浅米色

 C=10cm x 80cm 绒布，蓝绿色

D= 10cm x 20cm 毡子，红色

其他辅料

· 两粒塑料活动眼珠，直径 2cm

· 紫色纽扣，直径1.5cm

· 黑绳子，直径4mm， 60cm长

· 化纤填充棉

把面料 D 指甲布块对角剪一下，并在长边中间剪个大约 5mm 深的口，如图所示。然后把每个三角的长边与脚的圆边正面固定，同时拽一拽红三角，使其适合圆弧。必要时，固定一下。

布块 8（前额）的两边各自与布块 7（额头）侧边相接。把绳子剪成 8 段相同长度的短绳当作头发，并排夹在前额上方；缝合布块 9（脑袋）上的省，接缝后脑袋和前额圆弧。

同时注意图中 G 点，多出部分吃缝在后脑袋，头发也一起缝住；然后把脑袋缝在后背上方 C 的位置。前后背正面相对，从 D 点起整圈缝合，使 C 和 E 相遇。给恐龙翻面，肚子外层的底边向里折，车缝。把脚趾头上的毡子剪出齿形，如图所示。

内层

把 2 个布块 10（头内层）正面相对，缝合圆边，翻面，塞入棉花。2 个底边上下固定在一起，把装好棉花的头内层塞进头部，从里面用手缝针缝合在后脑袋的上方。把布块 11（内层腹部，相当于图中 D）与后背下部至尾巴正面相对缝合，把尾巴和后脚直至内层腹部都塞入棉花，用手缝针从里面沿着脚和后背把腹部内层缝住，同时把头内层的下半部缝在一起。最后缝上眼睛和当作鼻孔的纽扣。

圆形地板靠垫

尺寸

直径大约110cm

材料

枕套

· 棉绒布

 A=110cm x 140cm，粉红色

· 化纤绒

 B=255cm x 140cm 红色

枕芯

· 全棉布

C = 250cm x 140 cm 白色

其他辅料

· 1个拉链，70cm长

· 约200L聚苯乙烯塑料泡沫球

准备

圆形布块 1：先用纸剪个 120cm x 120cm 的正方形，再把正方形对折两次。

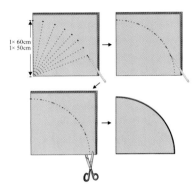

从中心点扇形量出 60cm，并画线；沿画线剪出 1/4 圆，把纸全部打开。

圆形布块 2：用纸剪个 100cmx 100cm 正方形，折叠方法同上，从中心点扇形量出 50cm，剪下纸型，打开纸。

裁剪

所有尺寸均 包含 1cm 缝份。

枕芯

面料 B：1 个布块 1

面料 B：2 个长方形，125cm x 63cm

贴布

面料 A：1 个布块 2

套枕

面料 C：2 个布块 1

缝制
贴布

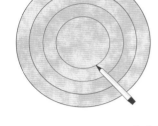

准备贴布图形。用消失笔在面料 A 上画直径各为 40cm、60cm 和 80cm 的圆。

沿着 3 个圆的画线剪圆，每个圆上都垂直剪一下，中间的小圆不剪。

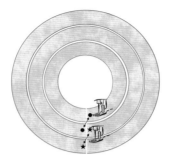

接缝内圈和中圈的窄头，看图中所示黑点标记。再把中圈的另一头和外圈的窄头接缝，看图中所示星星标记。

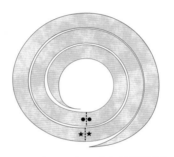

接缝后形成 1 个长的螺旋形，把螺旋形的两头剪尖。

把螺旋形固定在圆形面料 B 上（正面），用密集的 Z 形针和适当颜色的线缝补固定。

收尾

给背面 2 个长方形的长边锁边，在它们正中缝上拉链。然后打开，把布块 1 置于其上，剪出枕头背面的圆形，稍微拉开一点拉链。

枕头的正反两面正面相对缝合，缝份锁边，翻面。内枕套的两个面料 C 正面相对缝合整圈，留出返口和填装口。

提示

请选用小针脚（1~1.5mm），必要时可车缝两道缝份，以避免塑料泡沫球从缝份处露出。返口处的缝份往里折，对齐两边并缝合。装入枕芯。

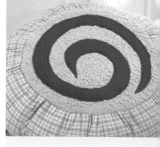

圆枕头

准备

在黏合衬上画两个贴布图形，粗略剪下来。贴布图案是反影，请完全照图描画，结果是对的。

图样在第 289 页。

裁剪

所有尺寸均包含 1cm 缝份。

枕头

面料 A：2 个直径为 30cm 的圆

面料 B：1 条 23cmx 140cm

贴布

面料 C：2 个贴布图案

辅料

绣花衬：2 个正方形，30cm x 30cm

缝制

贴布

各把 1 个贴布图案熨烫在圆形面料 A 上，底下垫上绣花衬，用密集的 Z 形针和颜色适当的线缝补，去掉绣花衬。

枕头

所有布块的缝份锁边。

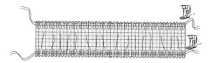

把面料 B 条形布块抽褶至 96cm 长。

尺寸

直径约28cm

材料

正反两面

棉绒布

· 棉绒布

 A=35cm x 70cm
粉红色

· 全棉布

B= 25cm x 140cm
黄粉红彩格

· 化纤绒

C = 30cm x 60cm
红色

其他辅料

· 30cm x 60cm贴布用黏合衬

· 化纤填充棉

163

梦幻圣诞

圣诞拼布款

冬景壁挂

冬季快乐的气氛悄悄地随着雪人和圣诞树飘进了屋。这幅壁挂上的图案都是用"冷冻纸缝合贴布法"制作的，这会使图案显得更立体生动。

尺寸

50cm x 44cm（包括套环）

材料

面料、贴布、滚边条

全棉料，幅宽均为110cm

 A = 35cm x 45 cm
黑色带星星

 B = 15cm x 45 cm
白色带金点

C = 15cm x 55 cm
全白色

 D = 25cm x 110cm
红色条纹

 E = 5cm x 22cm
红、绿、蓝、黄彩格

 F = 5cm x 15cm
红色小点

 G= 10cm x 110cm
绿色小点

 H = 10cm x 110cm
绿色

 I = 15cm x 110cm
黄色带星星

 K = 15cm x 110cm
黄色小点

里料

 C = 40cm x 50cm
全白色

（下接第168页）

准备

图样在第 294 ~ 296 页，不包含缝份。大写字母表明所需材料编码。把雪人、帽子和圣诞树的轮廓图画到冷冻纸上，仔细地剪下来。

裁剪

尺寸包含 0.75cm 缝份。

面料

1x

35 cm x 34 cm

1x

15 cm x 34 cm

2x

5.5 cm x 28.5 cm

2x

5.5 cm x 49.5 cm

贴布

1x

3.5 cm x 22 cm

1x

3.5 cm x 25 cm

里料

1x

40 cm x 50 cm

铺棉

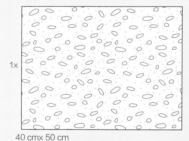

1x

40 cm x 50 cm

滚边条

2x

6.5 cm x 110 cm

（接166页）

铺棉

 45cm x 75cm
铺棉

其他

 45cm x 75cm
铺棉

· 4颗小黑扣子（雪人眼睛）

· 卡通装饰扣

3颗心形（大雪人）

3颗小圆扣（小雪人）

11颗星形扣（圣诞树）

2颗冠状卡通扣（树梢）

· 绣花线：黑色、红色

· 颜色匹配的缝纫线、衍缝线

· 1根木棍，直径10mm，50cm
长

缝制

中间部分

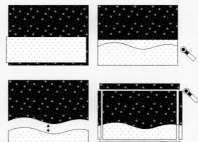

把长方形 B 的反面放在长方形
A 的正面，画上波纹，用轮刀同时裁
剪两片面料。B 的下半部和 A 的上
半部缝合在一起，剩下的面料不再需
要了。把由此形成的新长方形修剪成
41.5cm×28.5cm。

滚边

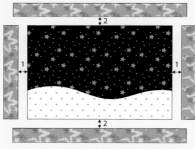

用面料Ⅰ给中间部分滚边，先接缝
左右两短边，再接缝上下两长边。

贴布

雪人围巾

把用作围巾的 D 和 E 条形布块
正面纵向对折，以压脚宽度缝合开口，
留出 5cm 返口，缝好后翻面，返口用
手缝针缝合。

雪人

用"冷冻纸缝合贴布法"缝雪人，
另外还要夹进铺棉。

在背后剪开 2~3cm，翻面，手缝
针缝合开口。取颜色相近的线，把贴
布图形用手缝针缝在背景布上。先缝
雪人身体，然后缝小扣子当眼睛。用
黑和红色绣花线分别绣出嘴和鼻子。
把围巾从身体后面穿过去，固定后在
一侧打结。缝上两个帽子。

圣诞树

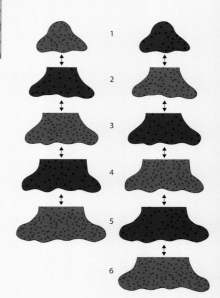

同样用"冷冻纸缝合贴布法"缝圣诞树。可以把上边平边当返口，不需缝合，各个单片搭缝在一起。最上一层较为特殊，需要在背面做一个小开口。各片搭在一起大约 1cm，（全部从下往上）手缝针缝上。

小圣诞树需要 5 个布块。第 1 片为 G，第 2 片为 H，依此类推，相互交替。大圣诞树需要 6 个布块，从 H 开始。

缝上星星和冠状纽扣。

接缝各层

正面（最上边）、铺棉和里料依次叠在一起，其中前片和后片的正面均向外。以前片尺寸为准，剪齐里料和铺棉，三层一起用汽烫熨平。

绗缝

在所有拼缝处绗缝。

套环

用面料 K 以"冷冻纸缝合贴布法"（参照第 120 页上的说明）缝套环星星和月亮，夹进铺棉。做 2 个月亮，6 个星星。请注意，裁的时候图形正反使用，各裁一半，因为星星两边不对称。把相同两片叠在一起，把星星左右两边的点对好再缝（看实物尺寸图样上的标记）。

收尾

用无终点滚边法滚边。接缝 2 条 D 的 2 个短边，参见第 122 页说明。

用手缝针把星星尖和月亮的下边缝在壁挂的贴边上。把木棍从月亮、星星套环里穿出。

尺寸

10cm x 20cm

11cm x 22cm

（包括支架）

材料

两棵树

全棉面料，幅宽约110cm

 G = 20cm x 110cm
绿色小点

 H = 20cm x 110cm
绿色

 L = 10cm x 55cm
绿色带小白点

其他材料

 20cm x 38cm
冷冻纸

· 化纤填充棉

· 10 颗星星形小扣子

（红、白、乳白色混合）

· 2 个木制娃娃支架

圣诞树

准备

图样在第 296 页，不包含缝份。
准备工作同前款壁挂。

缝制

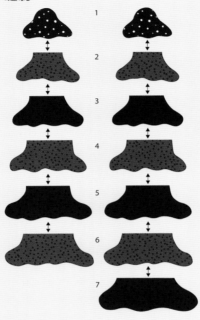

圣诞树的缝制方法同壁挂。需要
注意的是，每个树片上边敞开不缝，
最底下的波纹状开口也不缝。缝份的
开始和结尾都要回针加固。

小圣诞树由 6 片组成，大圣诞树
7 片。第 1 片（树顶）用面料 L，接
下来 G 和 H 交替使用，缝合后各片翻
面，把边和角翻整齐。

收尾

布块相互重叠 1cm，大树、小树
相同。波纹状开口处向里折 0.75cm
缝份，以手缝针缝合连接部分。往树
里塞少许棉花，缝上扣子。缝合两棵
树的底边开口，中间留出 1cm 开口，
把支架插进去。

171

北欧风情台布

具有北欧风情的红白两色格子带给餐桌强烈的节日色彩，挂件装饰着松枝、柜子还有门把手，到处洋溢着节日气氛。与其颜色匹配的圣诞精灵写字板也迎候着客人的到来。

尺寸

107cm x 107cm

（包括支架）

材料

全棉面料，幅宽约150cm

 A = 80cm x 150cm
白色带红点

 B = 50cm x 150cm
红色

 C = 40cm x 150cm
原色、红色彩格

 D = 30cm x 110cm
原色、红色斜格

里料

 E = 120cm x 120cm
原色

铺棉

 120cm x 120cm
铺棉

其他

颜色匹配的缝纫线、绗缝线

裁剪

含 0.75cm 缝份。

中间部分

25 x
17.5 cm x 17.5 cm

16 x
6.5 cm x 6.5 cm

128x
4 cm x 4 cm

40x
6.5 cm x 17.5 cm

滚边

2x
4 cm x 101.5 cm

2x
4 cm x 106.5 cm

里料

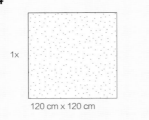

1x
120 cm x 120 cm

铺棉

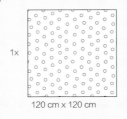

1x
120 cm x 120 cm

滚边

1x
6.5 cm x 110 cm

缝制

带嵌角的小边条

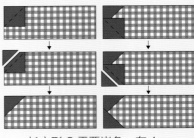

长方形 C 需要嵌角。在 4cm x 4cm 正方形 B 的反面画出对角线，然后把它与面料 C 长方形的一角正面相对固定，车缝对角线，留0.75cm缝份，剪掉其余部分。打开三角，烫平。在其对应角以同样方式缝正方形 B。

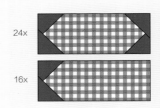

24x

16x

24 个长方形两端嵌角，另外 16 个长方形只嵌一端。

中间部分

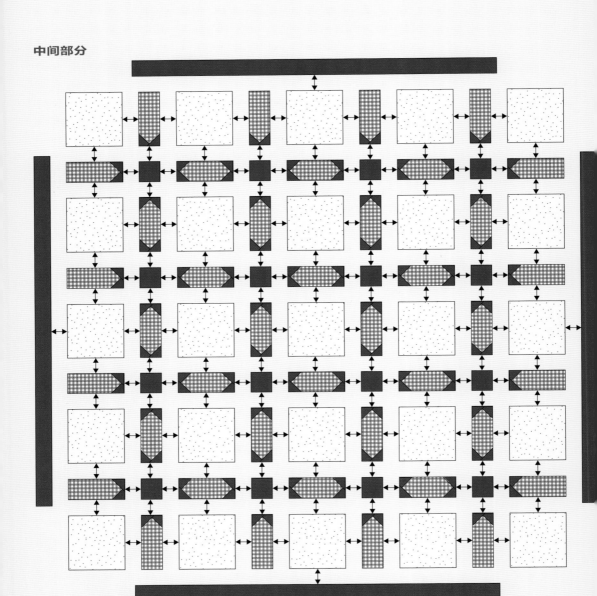

按照图纸，把嵌好角的小边条与面料 A 和面料 B 摆放在一起，先缝合成行。

烫缝份时注意缝份倒向，行于行之间的缝份要交叉着倒向相反的方向，注意交叉点。

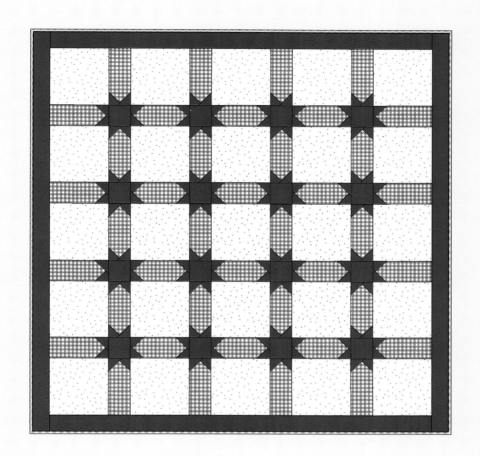

边条

中间部分用面料 B 滚边。

三层缝合

把拼布面料固定在铺棉和里料上。

绗缝

在布块接缝处绗缝。

收尾

把铺棉和里料以拼布正面为标准剪齐，用无终点滚边条滚边。接缝面料 D 4 个滚边条短边。

树挂

尺寸

14cm x 14cm

（不包括套环）

材料

6个套环

正反面：全棉布，幅宽约为
150cm 或 110cm

 A = 20cm x 150cm
白色带小红点

 B = 20cm x 150cm
红色

C = 10cm x 150cm
原色、红色彩格

 D = 10cm x 110cm
红色带白点

铺棉

20cm x 150cm
铺棉

裁剪

所有尺寸包含 0.75cm 缝份。

树挂1（星星拼布：红色星星，滚边带小点）

面料

1x 6.5 cm x 6.5 cm

8x 4 cm x 4 cm

4x 4 cm x 6.5 cm

4x 4 cm x 4 cm

2x 3.5 cm x 11 cm

2x 3.5 cm x 15.5 cm

里料

1x 15.5 cm x 15.5 cm

套环

1x 4 cm x 15 cm

树挂2（星星拼块：红色星星，彩格滚边）

面料

4x 4 cm x 6.5 cm

4x 4 cm x 4 cm

1x 6.5 cm x 6.5 cm

8x 4 cm x 4 cm

2x 3.5 cm x 11.5 cm

2x 3.5 cm x 15.5 cm

里料

1x 15.5 cm x 15.5 cm

套环

1x 4 cm x 15 cm

树挂3（方格拼块：红色滚边）

面料

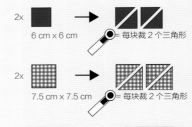

2x 6 cm x 6 cm → = 每块裁 2 个三角形

2x 7.5 cm x 7.5 cm → = 每块裁 2 个三角形

2x 3.5 cm x 11.5 cm

2x 3.5 cm x 15.5 cm

里料

1x 15.5 cm x 15.5 cm

套环

1x 4 cm x 15 cm

树挂4（方格拼块：格子滚边）

面料

1x 6.5 cm x 6.5 cm

2x 6 cm x 6 cm → = 每块裁 2 个三角形

2x 7.5 cm x 7.5 cm → = 每块裁 2 个三角形

2x 3.5 cm x 11.5 cm

2x 3.5 cm x 15.5 cm

里料

1x 15.5 cm x 15.5 cm

套环

1x 4 cm x 15.5 cm

树挂5 （9拼块带红色滚边）

面料

4x　4.5 cm x 4.5 cm

1x　4.5 cm x 4.5 cm

4x　4.5 cm x 4.5 cm

2x　4 cm x 10.5 cm

2x　4 cm x 15 cm

里料

1x　15.5 cm x 15.5 cm

套环

1x　4 cm x 15 cm

树挂6 （9拼块+白色带点滚边）

面料

1x　4.5 cm x 4.5 cm

4x　4.5 cm x 4.5 cm

4x　4.5 cm x 4.5 cm

2x　4 cm x 10.5 cm

2x　4 cm x 15 cm

里料

1x　15.5 cm x 15.5 cm

套环

1x　4 cm x 15 cm

缝制

树挂1

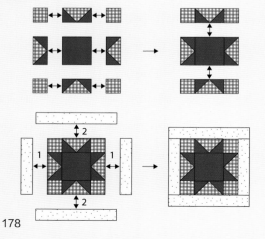

树挂2

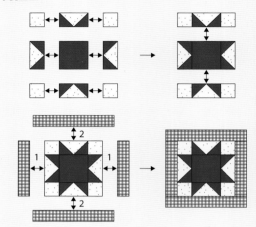

给长方形的角缝上嵌角，方法同台布里的说明，所有部分按图示缝合。

先左右接缝，然后上下接缝。注意行与行的缝份倒向应相反。接下来先缝左右两边，再缝上下两边。

树挂3

树挂4

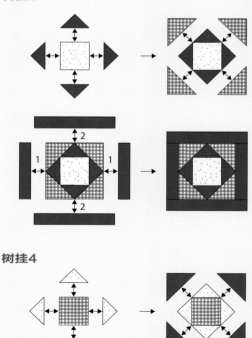

178

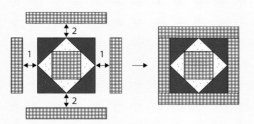

在中间 6cm x 6cm 方块的左右两边缝上 2 个小三角形，打开烫平。再在上下缝剩下的 2 个小三角形，打开烫平。在这个大正方形上用同样方法继续缝大三角形。然后接缝左右两边条，再缝上下两边条。

树挂5

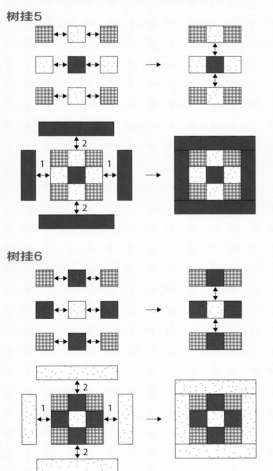

树挂6

如图所示摆放各方块位置，先左右接缝，注意行

与行的缝份交替倒向相反方向。

然后上下接缝，注意缝份的交叉点要准确。先缝中间正方形的左右两边条，再缝上下两边条。

挂件1～6

把所有 6 个拼块都与其相配的里料正面相对，固定合适的铺棉，整圈缝合，留出 5cm 的返口，缝份以压脚为准。缝好后，翻面，手缝针缝合开口，最后烫平。

绗缝

在缝份处绗缝。

收尾

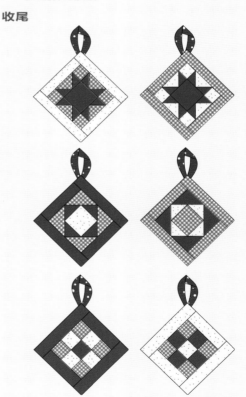

把做挂套的布块纵向反面对折，烫平后打开，再把两个长边按折印向中间对折，两头各向里折 1cm，烫平；挂套完成尺寸为 1cm x 13cm。沿着边车缝挂套，用手缝针将其缝在挂件背面的一个角上。

小精灵写字板

尺寸

24.5cm x 31.5cm

材料

写字板

全棉料，幅宽约为150cm

 A = 20cm x 30cm
黑色优质薄膜或人造革

面料和滚边条

全棉料，幅宽约为110cm

 B = 10cm x 150cm
红白格

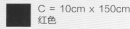 C = 10cm x 150cm
红色

里料

 C=35cm x 55cm
铺棉

用于支撑

 20cm x 29cm
硬纸壳

其他

· 1m黑色铁丝

· 3颗星星形扣子

裁剪

所有尺寸包含 0.75cm 缝份。

面料

1x

18 cm x 25 cm

1x

4.5 cm x 150 cm

反面

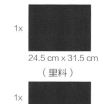

1x

24.5 cm x 31.5 cm

（里料）

1x

22.5 cm x 31.5 cm

（口袋）

滚边条

1x

6.5 cm x 150 cm

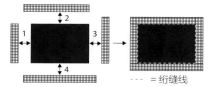

- - - = 绗缝线

缝制

在人造革四周沿顺时针方向缝合 B，也就是说，从左边开始，顺序接缝上边、右边和下边。整烫时在人造革上铺一块布，起保护作用。把准备好的面料用珠针别在同样大小的铺棉和里料上。

绗缝

在人造革和边条接缝处绗缝，绗缝完后，以前片为准，修剪铺棉和里料。

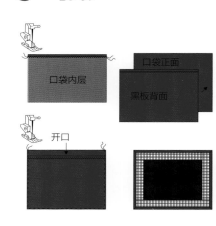

在背面有个口袋，把起支撑作用的硬纸板放进去。把口袋面料位于上方的长边折进 1cm 缝份，锁 Z 形边。把口袋和黑板背面（左、右、下三边）以较小的缝份（小于压脚宽度）缝合在一起，这道缝线能起到防止口袋滑动的作用。

收尾

用第 122 页上基础知识中介绍的方法（无终点滚边）缝合滚边。把硬纸板插进后面口袋里。

把 3 颗星星扣子分别缝在前片的左右两侧。用 1 支铅笔把铁丝绕成 50cm 长的卷，铁丝头绕在两边的扣子上。用剩布条在铁丝上系个蝴蝶结。

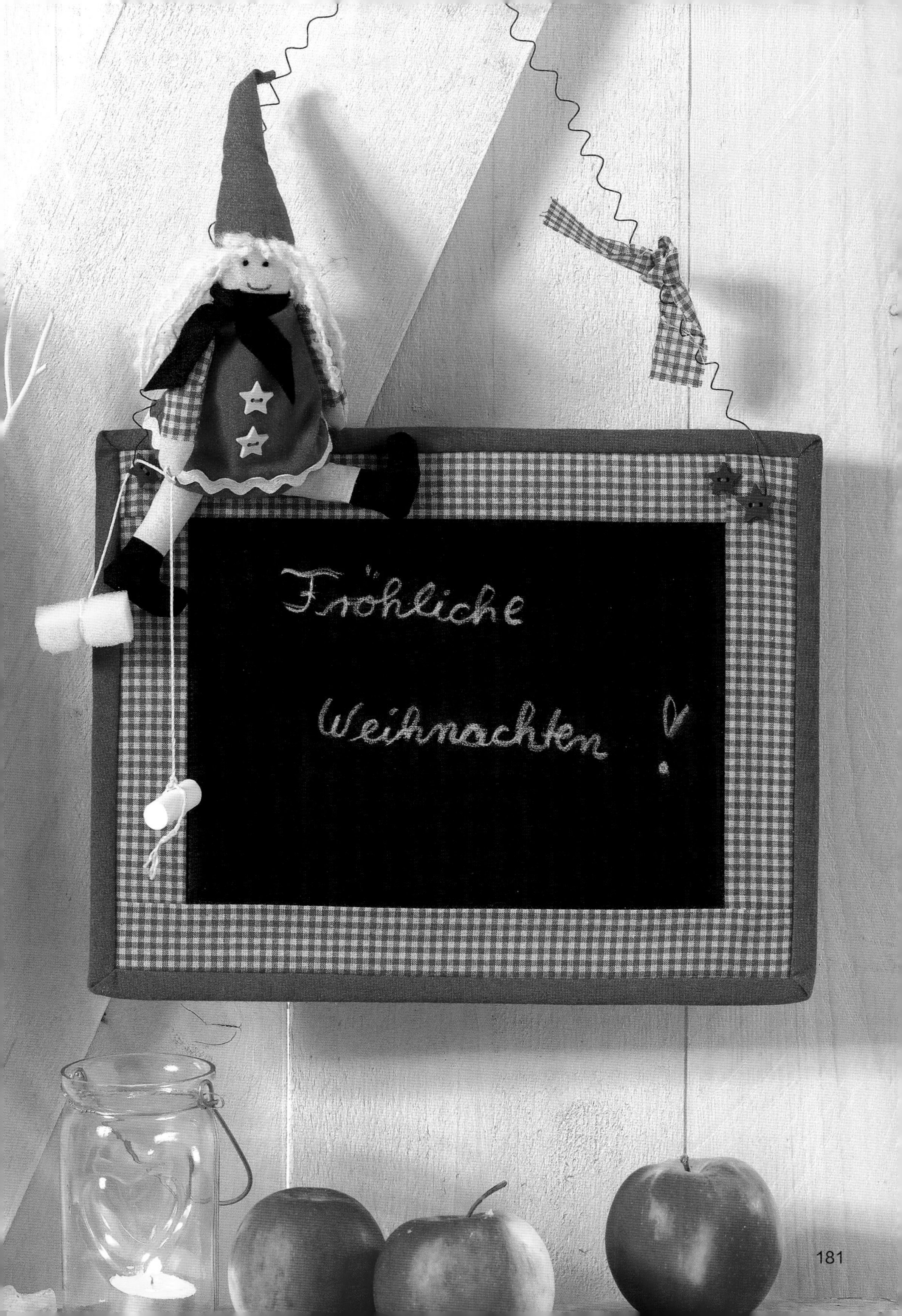
Fröhliche
Weihnachten !

尺寸

23cm × 10cm

材料

小精灵

全棉料，幅宽约为110cm

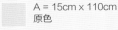 A = 15cm × 110cm
原色

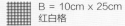 B = 10cm × 25cm
红白格

 C = 10cm × 55cm
红色

 D = 5cm × 25cm
黑色

其他

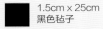 10cm × 38cm
冷冻纸

1.5cm × 25cm
黑色毡子

· 25cm原色波形装饰带

· 1小包自然色吉尔毛线作头发

· 2颗星星形纽扣

· 2颗红色小纽扣

· 化纤填充棉

· 黑色绣花线

· 50cm长的原色绳子

· 2块2cm×2cm×4cm的海绵

小精灵

准备

图样在第 298 页，不包含缝份。

把身体、衣服、帽子、胳膊和腿的图样画到冷冻纸上，然后仔细剪下来。腿和胳膊各剪 2 个。图样上的文字及返口标记都一起画在冷冻纸上。图上还标有胳膊和腿的拼缝位置。

裁剪

尺寸包含 0.75cm 的缝份。

胳膊布块

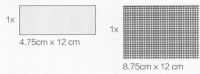

1x
4.75cm × 12 cm

1x
8.75cm × 12 cm

腿布块

1x
5.75cm × 30 cm

1x
8.75cm × 30 cm

缝制

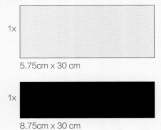

胳膊   腿

4 cm   8 cm   5 cm   8 cm

12 cm   30 cm

胳膊由面料 A 和面料 B 组成，腿由面料 A 和面料 D 组成。把 2 组布块各自纵向正面对折，对齐接缝。

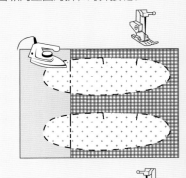

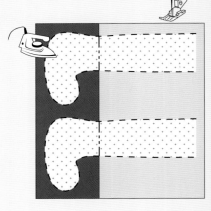

把 2 片冷冻纸图样、B（胳膊）和 C（腿）摆在各组准备好的拼接布的反面，并留出足够的缝份，同时注意，图样上的缝份标记要与拼布块上的缝份对在一起。按照冷冻纸图样的形状整圈缝合（针脚长 1 ~ 1.5mm），留出返口。留下 0.5cm 的缝份，其余部分剪掉。撤掉冷冻纸，翻面，塞些棉花，手缝针缝合返口。

把图样 A（身体）烫在面料 A 上，底下垫上足够大的布。

缝合身体的两侧和上边，留出 1cm 的缝份，其余部分剪掉。拐弯处的缝份需剪牙口。撤掉冷冻纸，翻面，往里填棉花，把腿塞进身体下边的开口处，紧沿缝份车缝开口。

按图纸用面料 D 剪裁两片衣服，同时在侧边加 0.75cm 缝份；在上边和底边加 1cm 缝份。缝合侧边。上边和底边各向里折两个 0.5cm，然后车缝。在底部缝上波纹装饰带，再把 2 颗星星纽扣缝在前身上。

按照图纸 E 裁帽子，加 0.75cm 缝份。缝合两个斜边，翻面。帽檐向里折 1cm。往帽子里塞棉花。

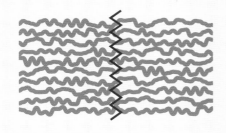

剪 10 根 20cm 长的毛线，并排从中间车缝 Z 形，把头发放在头上，缝几针固定住，再用手缝针把帽子固定在头上。头发的长度可以自定。

收尾

用绣花线绣出眼睛和嘴，再给小精灵穿上衣服。胳膊和小纽扣一起缝在身上。用黑毡子当围巾。棉绳从手里穿过，两头系上海绵。

圣诞快乐

雪人门挡

雪人一家站在凉凉的窗台上感到愉快极了。柔软厚实的毛绒把寒冷的风挡在了外边。

准备

图样在第 299 页。图样 A~I 放大 200%，画到冷冻纸上，仔细沿边剪下。

裁剪

尺寸包含 0.75cm 缝份，在图样四周加上 0.75cm 缝份。

尺寸（宽X高X厚）

55cm x 32cm x 8cm

材料

毛绒料，幅宽150cm；法兰绒/全棉料 幅宽约为110cm

 A = 50cm x 150cm
原色毛绒

 B = 20cm x 20cm
红色毛绒

 C = 10cm x 30cm
绿色毛绒

 D = 15cm x 75cm
浅棕色毛绒

 E = 10cm x 15cm
黑色毛绒

 F = 15cm x 15cm
绿格法兰绒

 G = 15cm x 110cm
黑白小格

 H = 5cm x 35cm
棕白大格

 I = 15cm x 15cm
红白格

其他

 50cm x 38cm
冷冻纸

· 化纤填充棉（底座，雪人）
· 10颗黑纽扣，直径5mm（眼睛）
· 10颗黑纽扣，直径10mm（用来固定胳膊）
· 5颗胡萝卜形纽扣
· 6颗装饰扣
· 一把小扫帚，16cm长
· 1个柳条圈，直径8cm
· 黑毛线（头发）
· 15cm长的细刷子
· 黑色绣花线

1x

26.5 cm x 65 cm

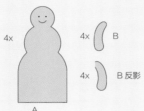

A   4x B

4x   4x B 反影

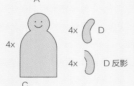

C   4x D

4x   4x D 反影

E   2x

2x F 反影

1x

16 cm x 16 cm   = 2 个三角形

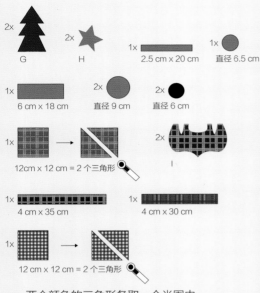

2x G
2x H
1x 2.5 cm x 20 cm
1x 直径 6.5 cm

1x 6 cm x 18 cm
2x 直径 9 cm
2x 直径 6 cm

1x 12cm x 12 cm = 2 个三角形
2x I

1x 4 cm x 35 cm
1x 4 cm x 30 cm

1x 12 cm x 12 cm = 2 个三角形

两个颜色的三角形各取一个当围巾。

缝制

雪人

各取 2 片相同大小的雪人布块，用冷冻纸缝合法正面相对缝合，留返口。

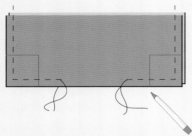

将下面的两个角如上图所示缝出底边角，其中在大雪人和中雪人的前后两片底角上画出边长 3cm 的正方形；小雪人的则为边长 1.5cm 的正方形。

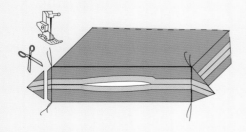

把雪人的侧缝如上图所示从底边向里面折至标记线，使两边形成支出来的三角形。按照标记线缝合两个角，留 1cm 缝份，剪掉其余部分。

翻面，塞填充棉，手缝针缝合开口。

取 2 个胳膊的对应布块，正面相对缝合，翻面，塞填充棉，缝合开口。用这个办法缝合所有的雪人及胳膊。用 1 颗纽扣把胳膊缝在肩上。

用 2 颗黑纽扣当眼睛，1 颗胡萝卜形纽扣当鼻子，用黑色绗缝线绣出嘴巴。

雪人佩件从左至右

1.戴红帽子的雪人（从左起）

帽子

把三角形 B 的长边向外翻 1cm，两个短边正面相对缝合，翻正帽子，以手缝针缝在头上。

围巾

在三角形 F 距边 1cm 处压一道线，然后拆边，使其脱线起毛。

星星

采用缝合贴布法，按照图纸 H 用面料 D 做星星，用纽扣做装饰，缝在雪人的胳膊上。

2.小雪人

头发

用绣花针把毛线缝在头上，并系扣打结。

围巾

剪 1 条面料 D 系在脖子上，用纽扣做装饰。

背心

2 个 G 布块正面相对，以压脚宽度整圈缝合至返口，拐弯缝份剪牙口，翻面，缝合返口，连接肩缝（看图，S1 对 S1，S2 对 S2）。

3.拿圣诞树的雪人

头发

做法见小雪人。

围巾

在三角形 I 距边 1cm 处压一道线，然后拆边，使其脱线起毛。

圣诞树

按图样 G 用面料 C 做圣诞树，方法同星星（缝合贴布法），在中间缝两个装饰扣，缝在胳膊上。

4.戴护耳的雪人

护耳

用面料 E 剪 2 个圆，先平缝一下，然后拽线，使其成为两个球，把一个细刷子放在头上，两头弯成小圈，再把两个小球盖到上面。以手缝针缝在头上。

围巾

在条形 G 边上 1cm 处压一道线，然后拆边，使其脱线起毛，缝上纽扣和扫帚。

5.戴帽子的雪人

帽子

帽檐布块条形 D 缝成一个圈，裁 1 个直径为 6.5cm 的圆当帽顶缝上。

把 2 个直径 9cm 的圆正面相对，以压脚的宽度整圈缝合，在中间剪个 3cm 的圆，翻面。

把帽子的上半部（帽顶和帽身）装进剪开的双层圆圈里，形成帽檐。如果必要，请在圆弧缝份上剪牙口。

帽檐里面的开口再稍微沿着边向里折（起包边作用），最后用手缝针将其与帽身接缝在一起。

围巾

在条形 H 边上 1cm 处压一道线，然后拆边，使其脱线起毛。缝上柳条圈。

底座

把长方形 A 纵向正面相对，以压脚宽度从两头缝合，中间留 15cm 开口。

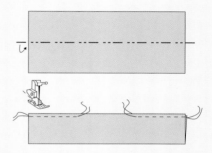

缝好后，把缝份转到中心线上，再把两头以压脚宽度缝合起来。

两头缝好后，再把缝份转到一边，在两头折两个尖。在所有 4 个尖 6cm 处画出缝线并车缝，留 1cm

缝份，其余的剪掉。翻面，装入填充棉，手缝针缝合开口。

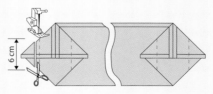

收尾

把雪人们用手缝针缝在底座上。

187

裹身软被

一旦得到了这个裹身软被，就不会再轻易放弃它，因为它让人感到柔软舒适。中间部分是双层毛绒，两面颜色各不相同。这个被子不需要里料和铺棉，边条是随意搭配缝合而成的，不经意间你的被子就做成了。

尺寸

136cm x 176cm

材料

被子（中间部分）

双层毛绒，幅宽约150cm

 A = 190cm x 150cm
双层毛绒，原色、铁锈红色

边条

全棉料，幅宽约110cm

 B = 45cm x 110cm
原色带小花

 C = 25cm x 110cm
彩条铁锈红

 D = 30cm x 110cm
红白绿格

 E = 30cm x 110cm
棕白绿格

 F = 30cm x 110cm
红白小格

 G = 30cm x 110cm
铁锈红

其他

 20cm x 38cm
冷冻纸

· 2cm白色波形装饰带，约

6m

· 配色缝纫线

准备

图样在第 300 页，不包含缝份。
图样 A 和 B 需放大 200%，画到冷冻纸上，仔细剪下来。

裁剪

所有尺寸包括 0.75cm 缝份。

面料 B ～ G 剪成 12cm 和 26cm 不同宽度的条形。

1x
136 cm x 176 cm

1x
25 cm x 25 cm
（面料 D、E、F、G）

2x

18 cm x 110 cm

1x

18 cm x 110 cm

1x

18 cm x 80 cm　（面料 D、E、F、G）

（面料 B ～ G 剪成 12 ～ 26cm 不同宽度的条形）

缝制

被子和边条

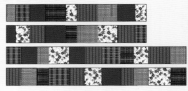

把布块接缝成两行 140cm 和两行 180cm 长的条。边角处避免用同样的面料。

拼好的长条纵向反面对折，烫平。两个长边各烫出 0.75cm 缝份，短边烫 2cm 缝份。

把 4 个边条按烫印插在毛绒料的四周，并在原色面，即正面，用珠针固定。打开连接反面的边条，先车缝正面边条。将波形装饰带整圈压缝在正面边条上。然后再折上反面边条，盖住车缝线，用手缝针藏针缝缝合。四个角的边条搭折在一起，同样用手缝针缝合。

贴布缝

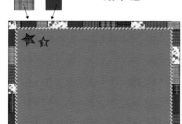

把大星星的冷冻纸样 A 烫在面料 D 的正面，整圈剪出 1cm 缝份，用珠针别在被子的一个角上（大约距两个外边 25 cm）。冷冻纸在上，在背面同样位置上固定一块正方形 F 沿着纸样将星星及背面的方块一起车缝。撤掉冷冻纸，把背面的方块沿缝份留 1cm，剪掉其余部分，使背面也有星星。

错位安排小星星。样板 B 烫在面料 E 上；背面选用面料 G 裁 25cm 的方块，缝合办法相同。

星星靠枕

尺寸

44cm x 46cm（星星靠枕）

31cm x 38cm（荞麦枕头）

材料

星星靠枕

星星

双层毛绒，幅宽约150cm

 A = 50cm x 100cm 双层毛绒，原色、铁锈红色

口袋

全棉料，幅宽约110cm

 B = 15cm x 25cm 原色带小花

 F = 15cm x 15cm 红白小格

其他

· 白色纽扣，直径1cm

· 1cm宽白色波形装饰带，约2m

· 填充棉

荞麦枕头

全棉料，幅宽约110cm

 D = 45cm x 110cm 红白绿格

枕芯

1kg荞麦

准备

图样在第300页，准备纸样，放大图样200%。

裁剪

尺寸包括0.75cm缝份，纸样C周圈增加2cm缝份。

2x　　　图C

把图C中的折缝放在面料折痕上。

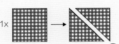

2x　11cm x 11cm　1x　12cm x 12cm = 2个三角形

缝制

把面料F三角形的长边缝在面料B正方形上，形成两个有"房顶"的正方形。两片正面相对，以压脚宽度整圈缝合，留一开口，翻面，缝合开口。

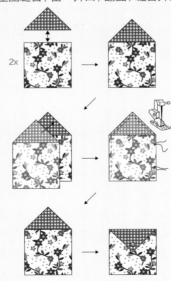

2x

把口袋的左、右和下边缝在面料A（铁锈红色双层毛绒）布块中间，三角向下折，缝上纽扣固定。

把两个毛绒料星星固定在一起，后面的原色面向外。在距边2cm处整圈缝合，具体方法是：有口袋的一面与原色面正面相对缝合，同时缝上波纹装饰带，注意留开口，装填充棉，封口。在距外边1cm处再压缝一道明线。

荞麦枕头

图样在第301页，准备纸样，放大图样200%。

把图D中折缝放在面料折痕上，整圈加0.75cm缝份。

面料正面相对，以压脚宽度整圈缝合，留出开口。在圆弧缝份上剪牙口，翻面，整理缝份。装入荞麦，手缝针缝合开口。

节日窗饰

讲究的窗饰、色调柔和且带有金色图案的伴侣台布，都散发着节日气息。小铃铛令人想起圣诞钟声，金三角贴边和装饰起来的口袋又给整体增添了更精彩的一笔。

尺寸

24 cm x 35 cm（包括套环）

材料

4个窗饰

正反两面

全棉料，幅宽约110cm

 A = 80cm
原色

 B = 45cm
金色图案

 C = 25cm
白金图案

 D = 15cm
白金心形图案

 E = 15cm
白金字母图案

铺棉

30cm x 120cm

其他

· 12个金色铃铛，高约1cm

· 配色缝纫线、衍缝线

· 任意小装饰

裁剪

尺寸包括 0.75cm 缝份。

面料、里料、金色三角及套环

8x

17.5 cm x 17.5 cm

8x

3 cm x 110 cm

8x

4.5 cm x 110 cm

16x   8x

9.5 cm x 9.5 cm   10 cm x 10 cm

4x   16x

12 cm x 12 cm   6.5 cm x 10 cm

铺棉

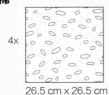

4x

26.5 cm x 26.5 cm

缝制

窗饰

4 个窗饰正反两面相同。

把 8 个中间面料 A 缝上面料 B 边条。先以压脚宽度缝左右两边第 1 道边条，烫平后，再缝上下两边第 1 道

边条；同样顺序缝面料 A 第 2 道边条。

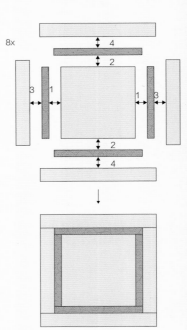

小口袋

把 8 个小口袋各 2 块面料 C 布块正面相对，整圈缝合，留一返口，翻面，手缝针缝合返口。沿着上面的边压一道明线。

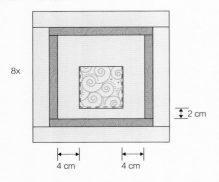

把口袋固定在窗帘上（距底边 2cm，距两侧边 4cm），沿着左、下、右三边压线。

金三角

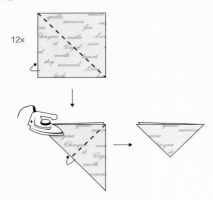

面料 D 和 E 正方形布块从反面对角折起来，然后再次对角折，烫平。

套环

套环两个布块正面对折，以压脚宽度缝合两个长边，翻面，沿着长边车缝窄明线。

一共需要 4 个大三角形缝在窗帘的中间，窗帘两侧共需要 8 个小三角形，还有 16 个套环。

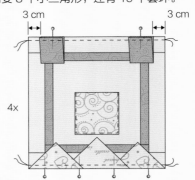

套环长向对折。在每个窗帘上方倒着别上 2 个套环，套环距两侧边 3cm。

在窗帘下方正面固定上三角形。面料 D 三角形放在外侧，E 三角形在中间。

把套环和三角形车缝在窗帘上（距外边 0.5cm）。

用同样方法缝制 4 个窗帘。

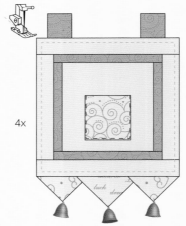

收尾

把一片固定着套环和三角形的窗帘与一片缝上口袋的窗帘正面相对，取一块相应大小的铺棉固定上，整圈缝合，留出返口，翻面，翻出边角缝份，手工缝合返口。在距外边 1cm 处车缝明线。在每个三角形上缝小铃铛，根据个人喜好装饰口袋。

节日伴侣台布

尺寸包括 0.75cm 缝份。

中间部分

6x
3 cm x 47.5 cm

2x
27.5 cm x 47.5 cm

2x
4.5 cm x 47.5 cm

1x
28 cm x 47.5 cm

3x
3.5 cm x 110 cm

三角部分

4x
10 cm x 10 cm

6x
12 cm x 12 cm

里料

1x
55 cm x 110 cm

铺棉

1x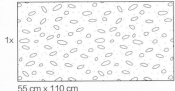
55 cm x 110 cm

缝制

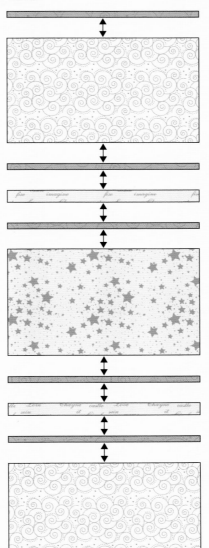

按照图纸，以压脚宽度顺序接缝 B、C、E 和 F。

尺寸

50cm x 109cm

材料

面料

全棉料，幅宽约110cm

A = 15cm x 110cm
原色

B = 15cm x 110cm
金色图案

C =30cm x 110cm
白色图案

D = 15cm x 55cm
白金心形图案

E = 30cm x 110cm
原色金字图案

F = 5cm x 55cm
白色金星图案

里料

A = 55cm x 110cm
原色

铺棉

55cm x 110cm

其他

· 10 个金色小铃铛，高约 1cm
· 配色缝纫线，绗缝线

195

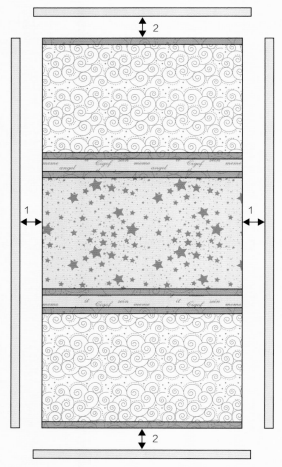

收尾

　　把准备好的拼片面料、里料及铺棉固定在一起，整圈缝合，留出返口。以前片为标准，剪去铺棉和里

　　用面料 A 给中间部分加边条，先缝两个长边；断开第 3 条布块，接缝两个短边。

　　三角形的制作同窗帘款。

　　和窗帘一样，把三角形与台布正面短边用珠针固定在一起，三角形指向中间；交叉摆放 D 和 E 三角形，E 位于外侧，缝合固定。

料多余部分，翻面，整理边角缝份，手缝针缝合返口。

　　外侧边和中间缝份用配色绗缝线绗缝。在中间长方形上从两个方向画对角线，以 5cm 间距画平行线，照画线车缝明线。完成后小心烫平。

　　给每个三角形用手缝针缝上小铃铛。

圣诞树餐垫

这套别致的餐垫由两种面料滚边，圣诞树装饰。圣诞节期间，可以用它装饰早餐餐桌，或者让它陪伴你美好的咖啡时光。仅由底盘和圣诞树合成的小篮子可以为你盛满面包、饼干或者干果。

尺寸

35.5cm x 45.5cm

材料

2套盘垫

面料和边条

全棉料，幅宽约110cm

 A = 30cm
原色

 B = 10cm
棕色

 C = 20cm
白绿格

 D = 20cm
白绿印花

 E = 15cm
浅绿暗花

 F = 30cm
深绿暗花

里料

 D = 40cm x110cm

铺棉

 40cm x115cm
加硬铺棉

 15cm x40cm
铺棉

其他

+ 15cm x38cm
冷冻纸

· 配色缝纫线，绗缝线

准备

图样在第 301 页，在冷冻纸上画图样 A 及各个标记，仔细剪下来。

裁剪

尺寸包括 0.75cm 缝份。贴布图案 A 需添 0.75cm 缝份。

中间部分

2x

23 cm x 33 cm

滚边条

3x
2.5 cm x 110 cm

2x
6.5 cm x 25 cm

2x
6.5 cm x 30 cm

2x
6.5 cm x 40 cm

2x
6.5 cm x 45 cm

贴布

4x

图 A

2x

图 A

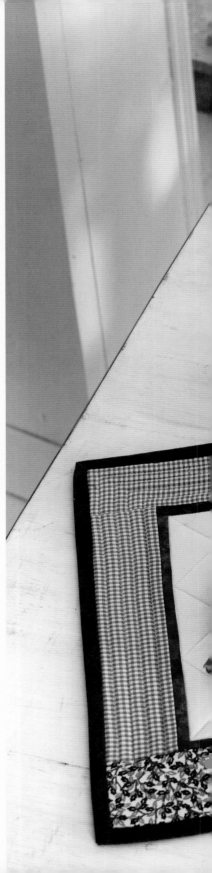

198

里料

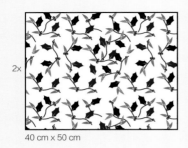

2x

40 cm x 50 cm

铺棉

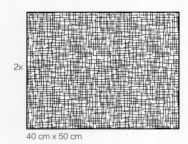

2x

40 cm x 50 cm

滚边条

4x

6.5 cm x 110 cm

缝制

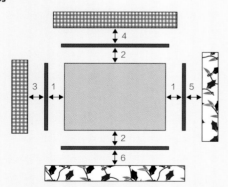

用面料 B 给中间长方形 A 滚边，先缝左右两边，再缝上下两边，把缝份烫向深色一边。接缝第 2 道边条，顺序为左、上、右、下。

绗缝

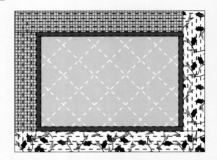

把拼缝好的面料和加硬铺棉及里料用珠针固定在一起。按照裁剪尺上 45° 斜线，在中间浅绿色面料上画对角线，间隔距离 5cm，车缝明线。绗缝边条接缝。在花格边条上以间隔距离 1cm 压明线。

制作圣诞树

用"冷冻纸缝制贴布法"缝制 2 棵圣诞树，加入铺棉，剪窄缝份，在尖角处剪牙口。按照图 A 在树背后中间剪牙口，把树翻面，整理缝份及尖角处，然后烫平。用颜色相近的线按照图纸或者随意绗缝出树脉。

收尾

绗缝完后以正面为标准，修剪铺棉和里料，把树安置在盘垫第 2 道边条靠外侧，沿着边车缝固定。

用无终点滚边条滚边，面料 F 裁 4 个滚边条，接缝短边。

小篮子

准备

图样在第 302、303 页。在冷冻纸上画图 B 和图 C，包括各种标记，并仔细剪下来。用一张普通纸或硬纸按照图 D 做底盘纸样。

裁剪

尺寸包括 0.75cm 缝份。图样需添 0.75cm 缝份。

底盘内外

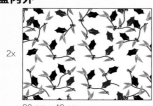

2x

30 cm x 40 cm

铺棉

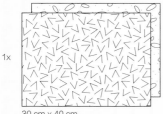

1x

30 cm x 40 cm

圣诞树

2x

图 B = 各 1 棵树

4x

图 B = 各 2 棵树

4x

图 C = 各 2 棵树

2x

图 C = 各 1 棵树

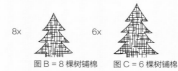

8x   6x

图 B = 8 棵树铺棉   图 C = 6 棵树铺棉

滚边条

1x

7cm x 110 cm

缝制

底盘

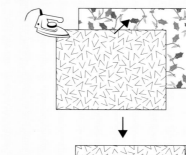

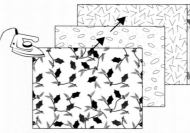

做底盘时，黏合衬发亮的一面对着面料 A 长方形的反面，熨烫。

尺寸

27cm x 37cm

高15cm

材料

底盘和树

全棉料，幅宽约110cm

A = 40cm
白色绿花

B = 20cm
绿色白点

C = 20cm
绿花

D = 20cm
浅绿暗花

E = 20cm
深绿暗花

F = 20cm
绿色白暗点

铺棉

30cm x 40cm
黏合衬

30cm x 40cm
双面黏合铺棉

40cm x 115cm
加硬衬

其他

15cm x 38cm
冷冻纸

· 配色缝纫线，绗缝线

提示

为避免出皱褶，烫衬时不要推熨斗，在每个位置上停留几秒，直至面料和衬平整粘牢为止。

然后把双面黏合铺棉放在黏合衬麻的一面，再把另一块面料 A 长方形正面向上摆在上面，用汽烫，直至 4 层全部粘牢。

用配色线车缝对角明线（行距 5cm），方法同盘垫。

按照图样 D 做底座纸板，裁剪面料 A 。

圣诞树

用"冷冻纸缝合法"制作松树。底边留出返口，用加硬衬当衬里。

照图样 C 做 8 棵小树，照图样 D 做 6 棵大树。

把树翻面，留下返口不缝，沿边车整圈窄明线和树脉明线。

树的返口向外，树尖指向中间，把树均匀地平摆在底座上，疏缝固定。

收尾

按照无终点滚边法给底座滚边，这里省去了角的麻烦。

滚边后把树立直，用手缝针固定树之间的接触点。

圣诞小房子月历

这可是一个很有意思的小房子。每个卷帘后面都藏着一个卡通纽扣。打开房顶的一边，每颗纽扣都能在这里找到它们的同伴，当然是在装满礼物的小袋子上喽！

尺寸（宽X高X深）

4cm x 36cm x 20cm

材料

面料和里料

全棉料，幅宽约140cm

 A = 30cm x 140cm
浅粉色白点

 B = 60cm x 140cm
粉白条

 C = 50cm x 140cm
棕色粉点

 D=25cm x 140cm
粉棕色印花

 E = 25cm x 140cm
粉色棕点

 F = 20cm x 40cm
浅蓝粉色印花

 G = 80cm x 140cm
粉色白点

铺棉

 100cm x 150cm
双面黏合铺棉

 150cm x 55cm
加硬双面黏合衬

其他

· 粉色装饰绳，宽3mm，长5m

· 白色装饰绳，宽3mm，长5m

· 棕色波纹装饰带，1m

· 粉白彩格皱褶装饰花边，1m

· 2份24颗卡通纽扣（每种卡通图案2颗）

· 2颗圆纽扣

准备

图样在第 302 页, 已包含 0.75cm 缝份。

裁剪

所有尺寸含有 0.75cm 缝份。

房子背面

8x
7.5 cm x 7.5 cm

8x
7.5 cm x 13.5 cm

10x
4.5 cm x 7.5 cm

1x
5 cm x 40.5 cm

1x
4.5 cm x 40.5 cm

1x
7.5 cm x 40.5 cm

房子正面

6x
7.5 cm x 7.5 cm

6x
13.5 cm x 16.5 cm

6x
7.5 cm x 13.5 cm

9x
4.5 cm x 7.5 cm

1x
5 cm x 40.5 cm

1x
4.5 cm x 40.5 cm

2x
7.5 cm x 13.5 cm

2x
13.5 cm x 16.5 cm

房子两侧

8x
7.5 cm x 7.5 cm

8x
7.5 cm x 13.5 cm

12x
4.5 cm x 7.5 cm

2x
16 cm x 22.5 cm

2x
4.5 cm x 22.5 cm

2x
7.5 cm x 22.5 cm

里料

2x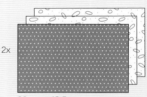
26 cm x 40.5 cm

2x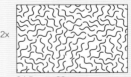
24.5 cm x 39 cm

2x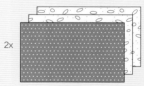
38 cm x 22.5 cm

2x

36.5 cm x 21 cm

房底

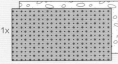

1x

22.5 cm x 40.5 cm

1x

22.5 cm x 40.5 cm

1x

21 cm x 39 cm

1x

7 cm x 126 cm

房顶

1x

7 cm x 47 cm

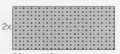

2x

20 cm x 46 cm

2x

20 cm x 46 cm

2x

18.5 cm x 44.5 cm

小袋子

12x

15 cm x 21.5 cm

12x

15 cm x 21.5 cm

缝制

卷帘

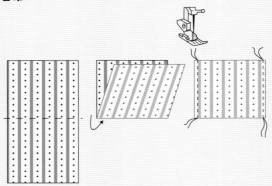

把长方形卷帘布块沿长向正面对折，两边以压脚宽度缝合，上边不缝，翻面。

1.5 cm　　1.5 cm

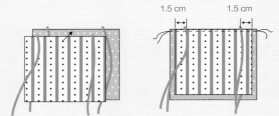

在窗户背景布 A 上疏缝固定卷帘开口边，给每个卷帘固定上 4 条 5cm 长的粉色装饰绳，即上方 2 条，下方 2 条，各距卷帘两侧 1.5cm。

共计 22 块窗户和卷帘。

房子背面

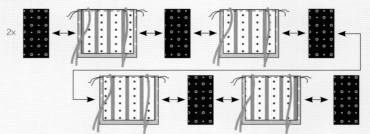

2x

5 个面料 C 长方形和 4 个卷帘窗户交替排列缝合。共做 2 排。

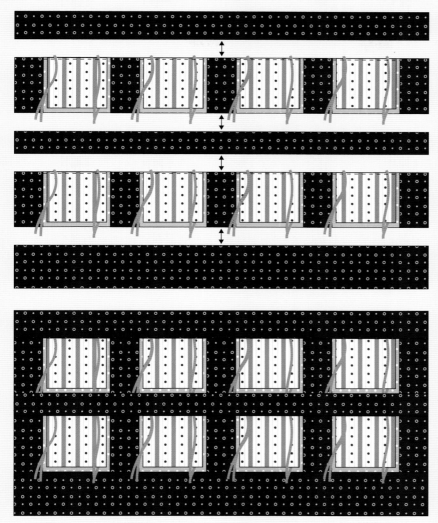

按照"房子背面"描述的方式缝制上、中、下3排窗户。

房子正面

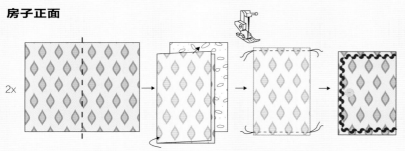

2x

先缝门。面料正面相对折叠，底下是双面黏合铺棉，缝合2个短边，长边不缝，翻面。用波纹装饰带装饰2个门，门上各缝个圆扣（如图）。

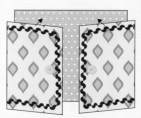

把门放在面料A底布上，疏缝固定。

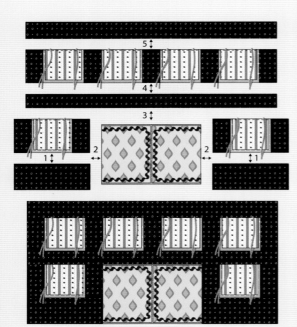

同房子背面一样，把各布块摆放在正面相应位置上，缝合时带上门。

房侧边

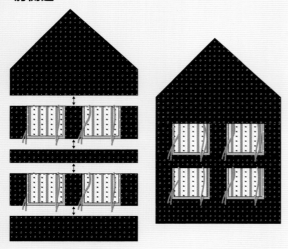

侧边缝法也和房背面相同，把各布块安排在相应位置上，按图样把长方形布块剪成斜边。

连接房子各部分及衬里

　　双面黏合铺棉分别固定在面料、里料上，整圈缝合面料和里料。

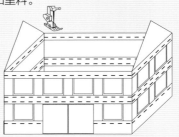

　　在窗户上下边条上车缝整圈明线，间距为 1cm。

　　把准备好的面料、里料正面相对，缝合上边，翻面；再把加硬双面黏合衬搁在两层双面黏合铺棉中间，汽烫，直至各层全部粘在一起。

房底

　　房底各层顺序：面料 C，双面黏合铺棉，加硬双面黏合衬，双面黏合铺棉，面料 D。两种面料的正面均向外，汽烫，直至各层全部粘在一起。把房底固定在房子底边，车缝面料 G 斜裁布条滚边，再把滚边条折上，用手缝针缝合。

房顶

　　房顶各层顺序：面料 E，面料 D，双面黏合铺棉。两层面料正面相对，缝合三边，房顶边敞开不缝。用这个办法缝制两个房顶，翻面。

　　装进硬双面黏合衬，汽烫各层，直至全部粘在一起。车缝两个敞开的房顶边，再用面料 A 斜裁布条滚边。

　　在两个房顶的底边缝上皱褶装饰花边。用手缝针缝合一边房顶，另一边不缝。

小口袋

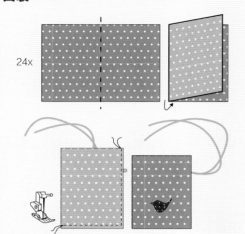

24x

把长方形 15cm x 10.75cm 口袋布块正面对折。给每个口袋准备 1 条 20cm 长的白色装饰绳，对折，并夹在两层面料上面 1/3 处。

缝合口袋一短边和一长边，翻面；上面开口处向里折两个 0.5cm，车缝。

收尾

每个口袋上缝一颗卡通纽扣；配对的另一套纽扣分别缝在 22 个窗户和门上。用布艺笔在卷帘窗和门上写上数字 1~24。

带餐具袋的盘垫

这套讲究的伴侣盘垫体现着一种清爽的美。配在一起的餐具袋不仅可以摆放餐具，还可以装下你自己缝制的餐巾。

尺寸

35cm x 45cm

材料

适合两套盘垫

全棉料，幅宽约110cm

 A = 30cm
白色银点

 B = 20cm
深蓝

 C = 25cm
浅蓝加星星

 D = 30cm
蓝条

 E = 15cm
浅蓝加银点

 F = 10cm x 25cm
蓝色

G = 10cm x 15cm
白色

里料

A = 40cm x 110cm

铺棉

40cm x 115cm
加硬铺棉

10cm x 40cm
铺棉

其他

5cm x 45cm
黏合衬

5cm x 45cm
绣花衬

· 心形银扣2粒

准备

图样在第 297 页。图样 1 标有缝份；贴布 2~5 不需要缝份。注意：贴布 4、5 为倒影图。

先将贴布实物尺寸图样画到黏合衬上，图上数字表明贴布顺序。描图时，黏合衬无涂层的一面向上，画好轮廓后粗略地剪下来，并熨烫在相应面料上，沿画线剪下来。

裁剪

所有尺寸含有 0.75cm 缝份。

中间部分

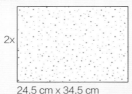

24.5 cm x 34.5 cm

边条

3x ▬▬▬▬▬▬
2.5 cm x 110 cm

3x ▬▬▬▬▬▬
6.5 cm x 110 cm

餐具袋

10 cm x 17 cm

2x ▬▬▬▬
6.5 cm x 13 cm

4x
10 cm x 17 cm

里料

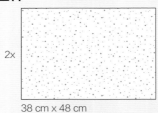

38 cm x 48 cm

铺棉

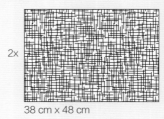

38 cm x 48 cm

滚边条

6.5 cm x 110 cm

缝制

正面

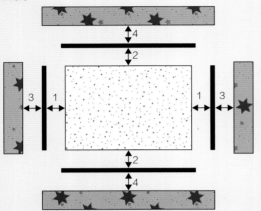

中间面料 A 用面料 B 滚边，先以压脚宽度镶左右两边，烫平后再滚上下两边；边条面料 C 缝合顺序相同。

餐具袋

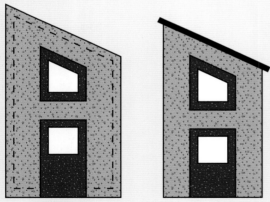

按照图样 1 把面料 E 的 2 块长方形布块剪成斜边。

撕掉贴布图样上的衬纸，将贴布烫在背景布上，注意先后顺序。面料正面向上。

房子图形 1 的背面带有绣花衬（防止面料起褶），把贴布图样放在它的上面，用颜色相近的线和密集的 Z 形针脚锁边缝去掉绣花衬。

把带有的房子一面与长方形面料 E 正面相对，放上相应的铺棉，以压脚宽度缝合左右两边和底边，剪掉多余面料和铺棉，只留下压脚宽的缝份，翻面。

房顶斜条布块（面料 B）反面相对，纵向对折，用滚边方法车缝上，两头各长出 1cm。

纫缝

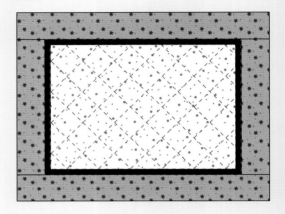

在盘垫中间部分画对角线，间隔 4cm，和加硬铺棉及里料固定在一起。用合适颜色的线纫缝斜线并滚边。

收尾

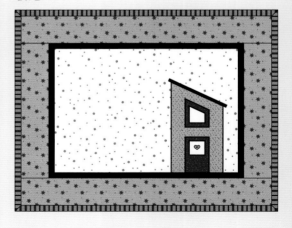

用手缝针把餐具袋缝在盘垫上，门上缝心形纽扣。

铺棉及里料以前片为准剪齐，用无终点滚边条滚边。

梦幻银色餐巾

裁剪

所有尺寸含有 0.75cm 缝份。

2x

40 cm x 40 cm

缝制

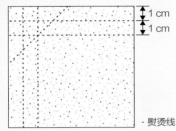

1 cm
1 cm

- 熨烫线

4 个边均向里折烫 2 个 1cm，在第 2 道熨烫线的交叉位置上车缝对角线，同样向里折烫，之后打开折角。

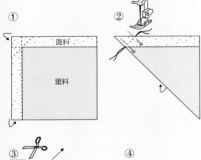

① 面料
里料

②

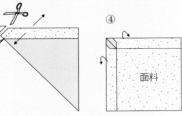

③

④ 面料

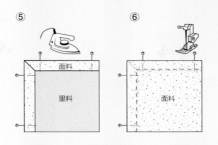

⑤ 面料
里料

⑥ 面料

把最外圈的烫边折向背面，不再打开（图 1）。

整块布正面相对，对准对角折痕，别上珠针固定，沿对角折痕车缝，首针和尾针回一针（图 2）。

沿缝合线留 0.5cm 缝份，其余部分剪掉，打开对折的布（图 3）。

现在四个周边均双折向上，角上缝份也露在外面。劈烫缝份，把边折向反面（图 4）。

把餐巾反过来，背面在上，整理各角，别上珠针，需要的话再次熨烫（图 5）。

餐巾另外三个角重复 ② ~ ⑤。

最后，沿着餐巾折边车缝明线（图 6）。

尺寸

36cm x 36cm

材料

2个餐巾，全棉料，幅宽约 110cm

A = 45cm
白色小星星

乡村风节日桌布

这条具有传统乡村风格的桌布，带给房间节日的舒适温和。它由正方形和边条拼合而成，很容易制作。用缝合法制作的星星装饰着波纹带，星星的立体感使桌布变得生动。

尺寸

122cm x 122cm

材料

面料及边条

全棉料，幅宽各约110cm、150cm

 A = 15cm
原色印花

B = 15cm
黄色彩条

 C =15cm
黄色斜格

 D = 15cm
黄色星星

E = 15cm
黄色印花

F = 15cm
红色

G =15cm
红色白点

H =15cm
红色印花

I = 15cm
红色印花

K = 15cm
绿色彩条

L = 15cm
绿色印花

M = 15cm
绿色

N = 15cm
深绿色

（材料接第216页）

裁剪

所有尺寸含有 0.75cm 缝份。

中间部分

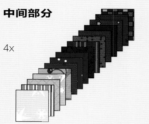

4x

11.5 cm x 11.5 cm（各 4 份，材料 A～Q）

第1道边条

4x

16.5 cm x 81.5 cm

4x

16.5 cm x 16.5 cm

第2道边条

6x

6.5 cm x 6.5 cm（各 6 份，材料 A～Q）

里料

1x

130 cm x 130 cm

铺棉

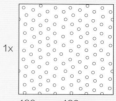

1x

130 cm x 130 cm

滚边条

5x

6.5 cm x 110 cm

 3x
图 A

 3x
图 A 相对

 3x
图 B

3x
图 B 相对

准备

星星（A、B）图样在第 305 页。

把图 A、B 画在冷冻纸上，各画 4 个。

沿画线剪下来，放大 200%。

（接214页）

O = 15cm
绿色带黄色星星

P = 15cm
红绿花

Q = 15cm
红绿黄彩格

R = 110cm
黑色带图案

星星贴布

S= 10cm
黄色加点

T = 10cm
黄色

U = 10cm
土黄色点

V = 10cm
土黄色条

里料

A = 130cm x 150cm

铺棉

130cm x 150cm

其他

10cm x 15cm
冷冻纸

· 乳白色波纹装饰带约4.5m

· 1包纽扣

· 配色缝纫线，行缝线

缝制

中间部分

　　将大块 A ~ Q 正方形布块如图所示排列成行，以压脚宽度缝合；每排缝份倒向左右交替；缝合 8 排。

　　第 1 道边条 R 先缝在中间拼布左右两边；将剩下的 R 布块左右两头各接同样面料的正方形，然后再缝到中间拼布的上下两边。

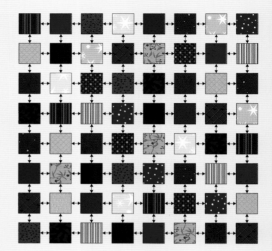

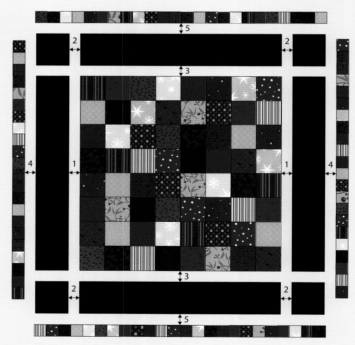

小方布块如图所示排列，缝成 4 行，然后接缝到中间大块拼布上。

缝合三层

将三层对齐缝合。

绗缝

大区块每两行车缝对角明线，绗缝边条缝份。外圈小区块的边车缝成 Z 形明线。

星星贴布

采用"冷冻纸缝合贴布法"，用面料 S、T、U 和 V 照图样 A 各做 3 个大星星，再照图样 B 各做 3 个小星星。

收尾

将装饰带波浪形固定并缝合在面料 R 边条上。

把做好的星星均匀分布开，用纽扣固定缝合在装饰带上。

铺棉和里料以正面为准剪齐。

用 5 条面料 R 制作无终点滚边。

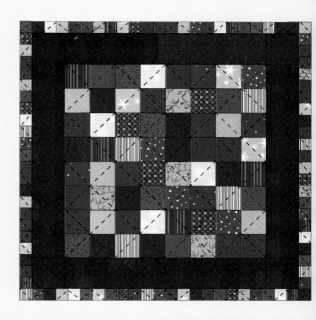

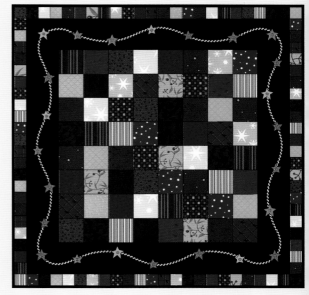

尺寸（不含木棍）

直径约18cm（大星星）

直径约14cm（小星星）

材料

大星星

全棉料，幅宽各约110cm

 C = 22cm x 55cm
黄色斜格

 V = 10cm x 20cm
土黄色条

其他

 25cm x 38cm
冷冻纸

· 化纤填充棉

· 白色纽扣，直径1.5cm

· 木棍，直径1cm，35cm长

小星星

全棉料，幅宽各约110cm

 T = 15cm x 30cm
黄色

 U = 10cm x 20cm
棕色白点

其他

 25cm x 25cm
冷冻纸

· 化纤填充棉

· 白色心形纽扣，直径1.5cm

· 木棍，直径1cm，25cm长

星星插件

准备

图样在第305页，放大200%。在冷冻纸上画 C、D 和 E，同时注明返口和木棍插口，剪下图纸。

裁剪

1x 图 C　　1x 图 E　　1x 图 D

1x 图 C
裁镜像片　　1x 图 E
裁镜像片　　1x 图 D
裁镜像片

缝制

用面料 C 按图纸 C 做大星星；用面料 T 按图纸 E 做小星星。采用"冷冻纸缝制方法"缝制。缝好后翻面，注意留木棍插口。

翻过面后往星星里松松地塞些棉花，手缝针缝合返口。

采用同样方法，分别用面料 V 和 U 按照图纸 D 制作大小星星中间的星星，只是不加填充棉，缝合返口，借助圆纽扣将其固定在大星星中间。

收尾

把木棍插进插口，固定好，如果必要，可以把插口缝紧。

屏风和钥匙包

这个特殊的屏风可以装饰你的桌子或窗台，它由两面对应的房子组成，加厚铺棉使屏风站立。钥匙包同样也是两面对应缝合在一起的。

尺寸

24cm x 70cm

材料

两排前后对应的房子

A = 10cm x 30cm
原色暗花

B = 10cm x 45cm
原色小点

C = 10cm x 35cm
原色条

D = 15cm x 25cm
黄色暗花

E = 10cm x 25cm
黄色小点

F = 15cm x 45cm
黄色条

G = 15cm x 40cm
红格

H = 15cm x 20cm
红色暗花

I = 10cm x 30cm
红色带小点

K = 15cm x 30cm
红色带大点

L = 10cm x 45cm
绿色带大点

M = 15cm x 40cm
绿色小点

N = 10cm x 20cm
绿条

（接222页）

屏风

准备

图样在第 303~306 页，不包含缝份。

在冷冻纸上画出前后房子所有门窗纸样，冷冻纸发亮的一面烫在相应面料的反面。图样上标有各部分布局，所有布块都另外加 0.75cm 缝份，按照纸板把缝份折烫在反面，然后固定。

裁剪

房子和屋顶图样为实物尺寸，裁剪时每边还需另加 0.75cm 缝份。

（接220页）

 O = 10cm x 40cm
黑色加星星

 P = 10cm x 25cm
黑色带点

 Q = 10cm x 35cm
黑条

 R = 10cm x 15cm
黑色暗花

铺棉

 30cm x 80cm
双面黏合铺棉

 60cm 加硬黏合衬

其他

 30cm x 38cm
冷冻纸

· 配色缝纫线

· 原色和黄色绣花线

· 卡通纽扣

缝制

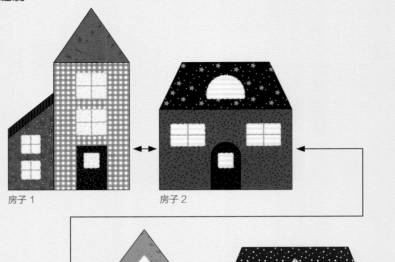

房子 1　　　　　　房子 2

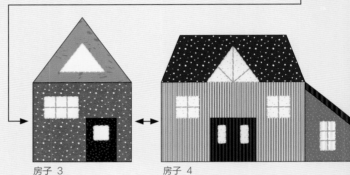

房子 3　　　　　　房子 4

以压脚宽度缝合房子和房顶，同时缝合两侧的厢房。

用配色缝纫线将门窗用手缝针缝到各自的房子上；从房子背后各个贴布的位置上剪开小口，拆掉疏缝线和冷冻纸，必要时可借用镊子。把窗户四周用双股线回针绣装饰一下，再用黄色双股线绣出窗框。

给每个房子裁两块加硬黏合衬，不必另加缝份。

按照图纸把两排房子摊开，两侧以压脚宽度缝合，注意只缝合到房子底边，回针加固。

在每个房子的背面放上加硬黏合衬，烫牢。把准备好的屏风正面相对，并排放在一块双面黏合衬上。

收尾

　　两排房子正面对好后缝合整圈，底边留出一小段作为返口。剪掉多余黏合衬，在尖角缝份处剪牙口，翻面；手缝针缝合返口；在房子接缝处车明线。整烫两面，直至各层黏合结实。

　　门窗可以用卡通纽扣做装饰（如图所示）。

尺寸

9cm x 13cm（不包含带子）

材料

小包、心、带子

全棉面料，幅宽约110cm

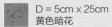 B = 10cm x15cm
原色小点

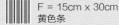 D = 5cm x 25cm
黄色暗花

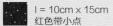 F = 15cm x 30cm
黄色条

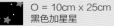 I = 10cm x 15cm
红色带小点

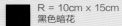 O = 10cm x 25cm
黑色加星星

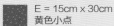 R = 10cm x 15cm
黑色暗花

里料

 E = 15cm x 30cm
黄色小点

铺棉

 15cm x 25cm
双面黏合铺棉

 15cm x 25cm
加硬黏合衬

其他

 10cm x 38cm
冷冻纸

· 钥匙环1个

· 配色缝纫线

· 原色和黄色绣花线

· 化纤填充棉

钥匙包

准备

图样在第 307 页。房子和房顶的制作同"屏风"。

裁剪

1x ─── 4 cm x 25 cm

2x
图 I

2x 整体图，房子轮廓

缝制

房子和房顶

以压脚宽度缝合房子和房顶。

用配色线将门窗贴块手工缝上，去掉冷冻纸，具体方法同"屏风"；窗户和窗框的绣法也与"屏风"相同。

每片房子布块都配一块加硬黏合衬，不用加缝份，烫在面料反面。把两个房子正面相对，沿画线车缝，底边和钥匙带穿口（看图样上标记）留着不缝。

里料

用面料 E 按照图样裁 2 片，缝法和面料缝法相同，只是在边上留个返口。

钥匙包的面料和里料正面相对，以压脚宽度缝合两个底边，从返口处翻面，手缝针缝合返口。

钥匙带

带子布块长向反面相对，烫平。把两个外边再向中间对折，烫平。这时带子为 1cm 宽，共 4 层。在一个短边（带子下端）向里折 1cm，沿长边和底边车缝明线。

心

以"冷冻纸缝合法"用面料 I 缝制心形，车缝前先把钥匙带插进心尖，一起缝合，返口不缝；把心形翻过来，塞填充棉，手缝针缝合返口。

收尾

从房顶钥匙带穿口处插入钥匙带，再从底部拉出来，套进钥匙环，把带子折起 2cm 车缝。

爱心圣诞老人和心形挂件

爱心圣诞老人身量虽小，但不失端庄，为圣诞增添了气氛。内装的塑料珠粒使圣诞老人能够站立，神色庄严的他很适合装点我们的门厅走廊。颜色清新的心形是不可或缺的装饰。

尺寸（高）

约70cm（包括帽子）

材料

全身、衣服和心

毛绒，幅宽约150cm；

全棉布，幅宽约110cm和

150cm

 A = 50cm x150cm
红色毛绒

 B = 25cm x25cm
白色毛绒

C = 50cm x150cm
白色

 D = 35cm x110cm
黄格

 E = 10cm x55cm
黄绿条

 F = 20cm x55cm
花布

其他

 20 cm x 20cm
冷冻纸

· 2颗黑色纽扣，直径1cm

（眼睛）

· 1颗白色星形纽扣，直径

2.5cm（帽子）

· 5颗白色纽扣，直径2.5cm

（大衣）

· 填充棉

· 塑料珠粒

可爱的圣诞老人

准备

图样在第307页，放大200%；分别按图样 A、B 和 C 准备身体、胳膊和帽子纸样；在冷冻纸上照图样 D 画心形，然后剪下来。

裁剪

尺寸里含有 0.75cm 缝份，纸样上应整圈加上 1cm 缝份。

2x

图 A

1x

40 cm x 50 cm

1x

15 cm x 20 cm

1x

5 cm x 35 cm

1x ◯
直径 5 cm

2x

图 B

2x

图 B，
B 镜像

6x ▬▬▬▬
0.75 cm x 20 cm

2x

大衣草图

1x

6.5 cm x 62 cm

2x

13 cm x 28 cm

2x

10 cm x 30 cm

2x

图 D

缝制

身体

图 A 2 个布块正面相对，按 1cm 缝份缝合，注意留返口。

在底边两角做出底座角，做成边长 5cm 正方形。在圆弧缝份上剪牙口，翻面；先给身体上半部 2/3 塞进填充棉，下面 1/3 装塑料珠粒。

胳膊

图 B 两布块正面相对缝合，翻面，装填充棉，手缝针缝合身体上部。

鼻子

把鼻子的圆形布块疏缝一圈，装填充棉，然后收紧疏缝线，把鼻子缝上。

眼睛

缝两颗黑色纽扣当眼睛。

胡子

把正方形的布块对折成 15cm × 10cm，两片一起以 1cm 间距剪开，直至折边 2cm 处。把胡子以手缝针缝在下巴上。

帽子对折，缝合长边，缝份为 1cm，把帽子翻过来。帽尖向前折一折，帽顶缝上星星纽扣。

给圣诞老人戴上帽子，使帽子遮住脸两侧胡子的缝合口，然后手缝针固定。

帽子

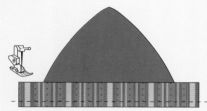

图 C 帽子布块底边的反面对着帽檐布块的正面，以 1cm 缝份缝合。

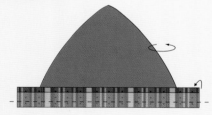

把帽檐的另一边向里折 1cm，然后翻至帽子正面。

沿着两个边车缝明线。

大衣

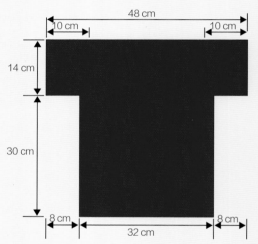

照图裁 2 个大衣布块，这里已经含有 1cm 缝份。

将前后 2 个布块正面相对，缝合侧缝、袖缝和肩缝（10cm）。

228

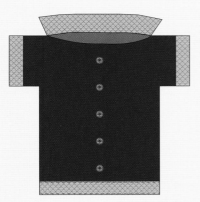

把下摆边条缝合成环形，和帽檐方法相同，然后缝合在衣服上。

两个袖边条同样缝成环形，正面相对缝在袖边；边条的一半向里折，烫出 1cm 缝份，再以手缝针缝合。

领子布块正面相对，缝合 2 个短边和一个长边，翻面；敞开的长边折 1cm 缝份，把领子用手缝针缝在大衣领口的后面。

把 5 颗直径 2.5cm 的白色纽扣均匀地缝在大衣前襟上。

心形

用"冷冻纸缝合法"缝制星星，塞些棉花，再用手缝针缝合返口。

收尾

给圣诞老人穿上大衣；心形夹在两手之间，以手缝针固定一下。

心形挂件

准备

图样在第 307 页，图 D 需放大 200%，在冷冻纸上画图及标记，然后仔细剪下来。

裁剪

2x

图 D，各裁 2 个

缝制

用"冷冻纸缝合法"给每种面料都做一颗心，塞入填充棉，以手缝针缝合返口。

收尾

把丝带均匀分成 3 份，双折，系扣，把纽扣缝在心形中间。

尺寸

（宽X高）14cm x 13cm

材料

3颗心

全棉布，幅宽约110cm

 F = 20cm x55cm
花布

 G = 20cm x55cm
绿条

 H = 20cm x55cm
红色绿星

其他

 20 cm x 20cm
冷冻纸

填充棉

2mm红色丝带，1m长

圣诞拼布专辑

卷帘圣诞月历

材料

面料、里料、滚边条和穿绳套

A：0.45m米色

B：1.55m绿色

C：0.70m红绿格

D：0.45m红绿条

E：0.15m红色

F：10cm x 30cm红、米色印格

G：15cm x 20cm红、绿、米色印条

H：10cm x 25cm黄色

I：15cm x 30cm米、红色窄条

J：10cm x 25cm红、米色窄条

K：10cm红、米、绿色窄条

L：12cm x 20cm红绿条

M：10cm x 25cm白色

N：10cm x 25cm棕黑印花

O：5cm x 10cm玫瑰色

P：10cm x 10cm黑色

Q：10cm x 20cm红、米色小格

R：10cm x 15cm红、绿、米色大格

面料A~M以及Q和R的幅宽为150cm；N、O和P的幅宽为115cm。

衬里： 约115cm x 90cm黏合铺棉

其他： 普通缝纫和拼布工具（见第6页）；30颗深绿色纽扣，直径1.5cm；3m深绿色丝带，3mm宽；20cm深红色丝带，5mm宽；135cm金色绳子；6颗深红色木珠，直径8mm；10颗深红色木珠，直径3mm；4颗黑色木珠，直径3mm；黑、红、绿色绣花线；机绣线：白、黑、黄、红、绿和深棕色各1轴；绣花衬约230cm x 30cm；黏合衬约50cm x 90cm；少量薄纸或普通纸

难度 ★★★

尺寸

79cm x 107cm

贴布图样

看第235页和第280~282页。

准备

　　在薄纸上画出所有贴布图样1~35。

裁剪

　　如果没有特殊说明，所有尺寸均含有0.75cm缝份。

中间部分

　　24个面料A正方形，13.5cm x 13.5cm

所有贴布

　　在相应面料的反面画出并剪下所有贴布图案，同时给出充足的缝份2~3cm。提示：贴布图样均为反影，将镜像画在衬纸的黏合面上，这样在面料正面显示出来的图形才是正的。图样上的字母表示面料颜色，数字表示贴布顺序。最后绣上图形里的字"圣诞快乐"。

注意

　　先裁剪面料B、C、D、E的布块。

边条

B：20条，3.5cm x 13.5cm

B：3条，3.5cm x 83.5cm

24个卷帘的正反面

C和D：24个正方形，13.5cm x 13.5cm

第1道边条

B：2条，3.5cm x 83.5cm

B：2条，3.5cm x 59.5cm

第2道边条

E：4个正方形，10cm x 10cm

C：2条，10cm x 59.5cm

C：2条，10cm x 87.5cm

中间24个正方形的辅料

绣花衬：24个正方形，13.5cm x 13.5cm

24个正面卷帘辅料

绣花衬：24个正方形，10cm x 10cm

里料

B：约85cm x 112cm

铺棉

约85cm x 112cm

滚边

B：2条，9.5cm x 76.5cm

B：2条，9.5cm x 108.5cm

穿绳套

B：1条，10cm x 106cm

贴布

中间，四个角上的正方形，卷帘。

在黏合衬纸面画贴布图样1~24各2个；图样25画4个；数字"1"画13个；数字"2"画8个；数字"3"和"4"各画3个；数字"5""6""7""8""9"和"0"各画2个，粗略剪下来，并熨烫在各自面料的反面。仔细

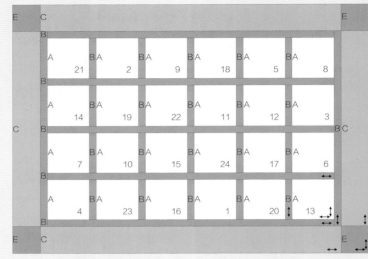

（圣诞月历正方形和边条排列图，每个图样前都有一个可翻上去的小卷帘）

剪下图形，撕掉衬纸，把图形1~24烫在正方形面料A的中间；图形25烫在4个角的面料E上。把卷帘上的奇数块烫在12个面料D正方形中间；偶数块烫在12个面料C正方形中间。烫贴布时请注意图上标出的顺序，有的贴布需要分层次烫和补。

需要画线的地方请用铅笔或自动消失笔。在A、C、D、E的反面烫上绣花衬。用密集的Z形针迹（1.5~2mm）和同色线贴布缝，额外增加的缝线也用Z形针迹。最后取下绣花衬。

缝制

正面/中间

12个卷帘1

把绳子剪成5.5cm的段，当作扣襻，对折绳子，固定在正方

形面料C背面的底边中央，然后把正反面的两个正方形C正面相对，缝合两个侧边和底边，缝底边时同时缝住扣襻。把边角缝份剪小，给卷帘翻面。

12个卷帘2

用面料D，方法同卷帘1。

正面整体/中间

按照图示把6个正方形A和5个短边条B交替缝合在一起，缝成4排，请采用图样上的顺序。

每个图右下角的图样数字与卷帘数字相符。用绿色丝带剪24个12cm，双折，固定在每个正方形A的上边。卷帘C和D交替固定在正方形A的上边，缝合4排正方形及中间的3行边条，卷帘和扣襻都一同缝住。缝滚边条时把第1排卷帘一起缝住。

第1道边条

按照图示先接缝上下两个长边条 B；然后接缝两个侧边短边条 B。

第2道边条

先接缝两边的短边条 C；然后把正方形 E 接缝在剩余 C 的两头，将整条 C 缝合在中间拼布的上下两边。

缝合各层

在里料的反面烫铺棉。

绗缝

绗缝 A 的正方形轮廓、贴布轮廓，边条以及四个角的贴布轮廓也要绗缝。

实物尺寸贴布图形，其余图案在第 280 ~ 282 页上。

收尾

绗缝完毕后，将铺棉和背面与正面剪齐，或者比正面大出 0.75cm。滚边条纵向反面对折烫平，把敞开的一边与中间拼布的两个侧边正面相对车缝；再把滚边条折向反面，用小针脚藏针缝缝合，上下两个长边做法相同，只是在折向反面之前先缝合两个窄边。

在卷帘正中的上下，即边条和第一道边条 B 上下各缝 1 颗纽扣。用黑色绣花线绣出眼睛和嘴（饼干和雪人除外），还有烛光。

在第 24 号图形松树的上方用红色绣花线回针绣绣出"圣诞快乐"。

用黄色绣花线绣烛光（图样 4）；在图样 5 小筐上缝 8 颗深红色小珠子；给饼干小人缝黑色纽扣作眼睛，缝小红珠子当鼻子。

在圣诞花的中央（图样 19）和绿叶（图样 3）上各缝 3 颗大红珠子；给雪人（图样 12）缝上黑色珠子当眼睛；用小红珠子当小鹿（图样 13）的鼻子；红丝带结系在麻袋上（图样 16）。

穿绳套块纵向正面对折，缝合三边，留出返口，翻面，缝合返口。用藏针缝把穿绳套长向缝在壁挂背面。

235

俄亥俄之星圣诞月历

尺寸

70cm x 94cm

拼块尺寸

24cm x24cm

材料

面料

A：0.25m黄色

B：0.35m金红色印花

C：0.35m金红色心形印花

里料和穿绳套

D：0.75m红色

　　所有面料幅宽 150cm

铺棉

100cm x 90cm黏合铺棉

其他

普通缝纫拼布工具；160cm红色丝线；24个小洗衣夹

准备

　　制作三角样板：画 1 个正方形 8cm x 8cm，剪开两个对角线，取其中一个三角形当作样板。

裁剪

　　包括 0.75cm 缝份。给三角样板整圈加上 0.75cm 缝份。

提示

　　如果不准备三角样板，需要裁 11.5cm x 11.5cm的正方形，剪开两个对角线，得到4个三角形。

正面/中间/3个俄亥俄之星

　　A：3 个 9.5cm x 9.5cm 正方形

　　A：24 个三角形

B 和 C：各 12 个三角形

注意

　　先剪裁中间C的大正方形。12个C的小正方形9.5cm x 9.5cm

其他部分

　　C：3 个 25.5cm x 25.5cm 正方形

第1道边条

　　A：2 条 5cm x 73.5cm

　　A：2 条 5cm x 56.5cm

第2道边条

　　B：2 条 9cm x 80.5cm

　　B：2 条 9cm x 71.5cm

里料

　　D：1 个 71.5cm x 95.5cm

　　铺棉：71.5cm x 95.5cm

穿绳套

　　D：先裁 2 条 10cm x 47.25cm，接缝两头，成为 1 条 10cmx93cm。

缝制

　　3 个星星区块：分别接缝 A 和 B、A 和 C 三角形的短边，共 4 个。

（三角连接图）

　　然后把接缝在一起的 A、B 和 A、C 的长边缝合在一起，共 4 份。每个星星拼块的第 1 行和第 3 行分别由正方形 C、拼接正方形和正方形 C 组合而成；第 2 行由拼接正方形和正

方形 A 交替组合而成。最后将 3 行接缝在一起，成为俄亥俄之星拼布。

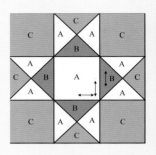

（完整的俄亥俄之星拼布）

正中部分

　　按照第 238 页上的图示，在第 1 排分别将 2 个星星拼布和正方形 C 交替缝合在一起；在第 2 排分别将 2 个正方形 A 和星星拼布交替缝合在一起；接缝以上 2 排。

正面整体

第1道边条

　　先在中间部分的上下两边接缝长边条 A；左右两边接缝短边条 A。

第2道边条

　　先在中间部分的上下两边接缝长边条 B；左右两边接缝短边条 B。

　　参看第 238 页的图示。

收尾

　　把铺棉熨烫在里料的反

面；正反两面的边用 Z 形针脚锁边。正反两面正面相对，加上铺棉，缝合三层的外边，留出返口，翻面。

手缝针缝合返口，绗缝所有接缝。把穿绳套的斜裁布条纵向

正面相对对折，缝合三边，留返口，翻面，缝合返口。

把穿绳套横着用小针脚缝在壁挂背面。丝线剪成相同的 6 段，在尾端系扣。每个正方形 C 上方从左向右固定两个丝线，中间间

隔 8cm。用 24 个小洗衣夹把礼物夹在丝线上。

提示

也可以用圣诞卡取代小礼物，夹在丝线上。洗衣夹可涂成金色或红色。

俄亥俄之星长条桌布

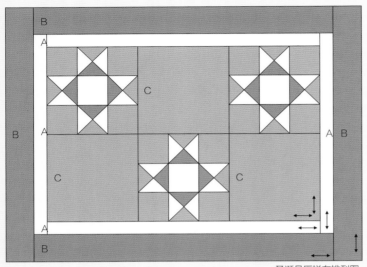

圣诞月历拼布排列图

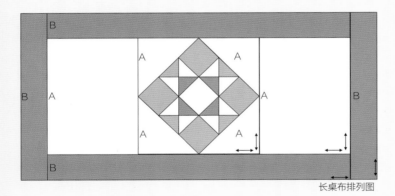

长桌布排列图

尺寸

49cm x 100cm

区块尺寸

24cm x 24cm

材料

面料

    A：0.30m 黄色

    B：0.20m 金红色印花

    C：0.15m 金红色心形印花

里料

    D：0.55m 红色

    所有面料幅宽 150cm

铺棉

    105cm x 90cm 黏合铺棉

准备

    准备三角样板，方法同俄亥俄之星圣诞月历（第 236 页），画 1 个正方形 17cm x 17cm，剪开对角线，取其中 1 个当作边角三角样板。

裁剪

    所有尺寸包含 0.75cm 缝份。给所有样板周围加上 0.75cm。

无样板制作三角

    正方形 19.5cm x 19.5cm，剪开对角线，得两个三角形。

中间1个星星区块

    正方形 A 9.5cm x 9.5cm

注意

    请先剪裁中间其余部分的面料 A。

    8 个 A 三角形

B 和 C 各 4 个三角形

4 个正方形 C，9.5cm x 9.5cm

其余部分

4 个角的面料 A 三角形

2 个 A 的长方形，27cm x 35.5cm

边条

2 条 B：9cm x 86.5cm

2 条 B：9cm x 50.5cm

里料

面料 D：50.5cm x 101.5cm

铺棉：50.5cm x 101.5cm

缝制

星星区块做法同款式 2，参见第 236 页。

中间整体

先在星星区块的四周接缝 A 三角形的长边；在拼缝好的正方形左右两边接缝正方形 A。

镶边

按照图示先在上下两边接缝长边条 B；左右两边接缝短边条 B。

参见第 238 页上的区块排列图。

收尾

把铺棉熨烫在里料的反面；把正反两面的各边用 Z 形针锁边。正反两面正面相对，加上铺棉，缝合三层的外边，留出返口，翻面。手缝针缝合返口，绗缝所有接缝。

蓝白台布

尺寸

127cm x 127cm

材料

面料及滚边条

A：110cm 白色暗花布

B：40cm 蓝色带金点

C：135cm 深浅蓝印金图案

E：30cm 深蓝色

F：20cm 蓝色

G：30cm 金色暗花

里料

H：270cm 原色

所有面料幅宽 115cm

其他

普通缝纫拼布工具

准备

纸板：先制作样板。用正方形 4.75cm x 4.75cm 制作角 1；用正方形 5.25cm x 5.25cm 制作角 2；用正方形 7cm x 7cm 制作角 3；画正方形 9.5cm x 9.5cm，剪 2 次对角线，制作角 4，由此得到纸板 1、2、3、4。画正方形 4.75cm x 4.75cm，剪 2 次对角线，制作角 5。

裁剪

所有尺寸含有 0.75cm 缝份，请在纸板四周加出缝份。

提示

你也可以不准备纸板，用正方形 7.25cm x 7.25cm 裁角 1。

用正方形 7.75cm x 7.75cm

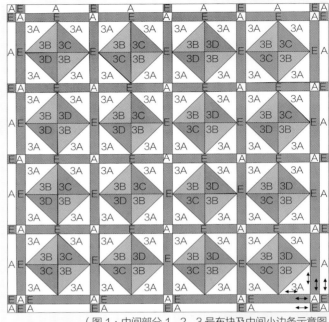

（图 1：中间部分 1、2、3 号布块及中间小边条示意图）

裁角 2，用正方形 9.5cm x 9.5cm

裁角 3，用正方形 12cm x 12cm 剪开对角线得到角 4，由此得出角 1、2、3、4。裁正方形 8.25cm x 8.25cm，剪 2 次对角线，得出 4 个角 5。

正面/中间16个区块

A：64 个角 3

B：32 个角 3

C：17 个角 3

注意

先裁 C 第 2 道边条和滚边。

D：15 个角 3

中间小边条

A：25 个正方形，3.5cm x

3.5cm

E：40 条 3.5cm x 15.5cm

中间镶边

A：4 个 正 方 形，3.5cm x 3.5cm

A：16 条 3.5cm x 15.5cm

E：20 个正方形，3.5cm x 3.5cm

角边三角形Ⅰ和Ⅱ（三角布块）

A：60 个角 1

A：8 个角 5

B：12 个角 1

B、C、F、G：各 1 个角 5

C：9 个角 1

D、F、G：各 13 个角 1

D：4 个角 5

角边三角形 Ⅲ 和 Ⅳ（星星拼块）

提示

　　星星的齿形是正方形对折后的效果，叠好后放在面料 A 的正方形上，只需把两个敞开的短边缝合即可。

　　F：66 个正方形，6.75cm × 6.75cm

　　G：18 个正方形，6.75cm × 6.75cm

第1道边条

　　G：4 条 2.75cm × 51cm。在所有 4 个条的左外侧从右下向左上剪 45° 角。

第2道边条

　　C：2 条 13.5cm × 101cm

　　C：2 条 13.5cm × 125cm

里料

　　H：正方形 132cm × 132cm。

先剪两个长方形 67cm × 132cm，接缝长边成正方形。

滚边条

　　C：2 条 6.5cm × 125cm

　　C：2 条 6.5cm × 127.5cm

缝制

正面中间10个区块1

先把B和C各1个角3以及B和D的各1个角3接缝短边；然后接缝这2对三角的长边，成一正方形。随即把A角3的长边缝在它的四周。

区块1

3个区块2

同区块1，但是只使用B和C的角3。

3个区块3

同区块1，但是只使用B和D的角3。

中间整体

按图1在第1行交替接缝1、2、3和2拼块，以及3个小边条E；在第2行交替接缝拼块3、1、1和1，以及3个小边条E；第3行为4个拼块1，以及3个小边条E；第4行为拼块2、1、1和1，以及3个小边条E。然后接缝长边条，分3次将4个小边条E和3个正方形A上下交替接缝在中间大的拼块上。

中间第1边条

参照图1交替接缝4个小边条E和3个正方形A，然后将拼得的布条接缝在中间拼布块的上下两边。在剩余斜裁布条的两头接缝方块A，最后将其接缝在中间拼块的左右两边。

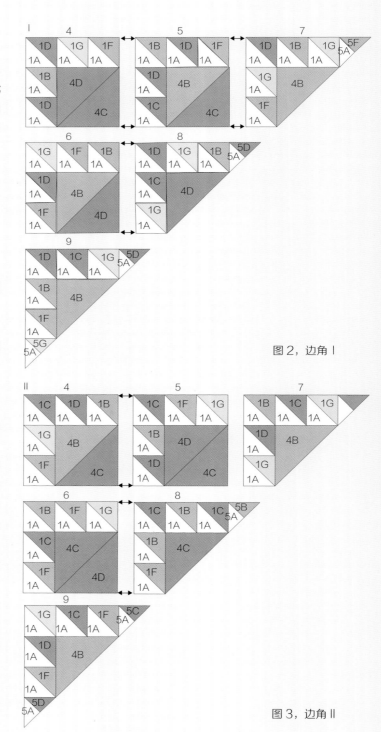

图2，边角Ⅰ

图3，边角Ⅱ

242

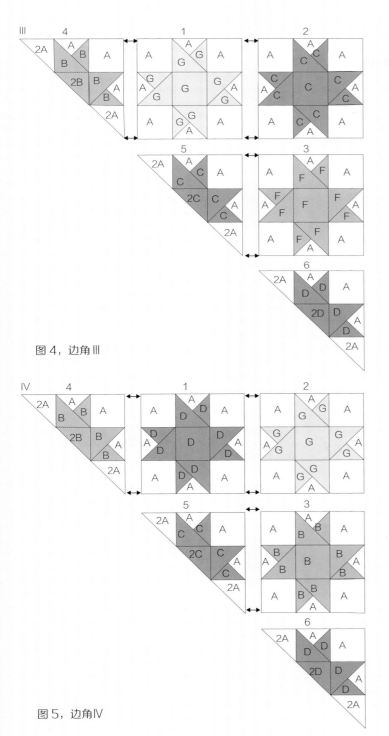

图 4，边角 III

图 5，边角 IV

中间部分第2边条

按照图 1 先分 4 次交替接缝 5 个方块 E 和 4 布条 A，将拼好的布条缝在上下两边。在剩余布条的两头接缝方块 A，接缝在中间区块的左右两边。

边角 I
区块4

参看图 2。拼缝 1 个 C 和 D 角 4 的长边，然后拼缝 A 和 B、A 和 F、A 和 G 各 1 个角 1 的长边；接缝 2 个 A 和 D 角 1 的长边；把已经拼接在一起的 A/G 和 A/F 缝合。将由此拼出的布条缝在正方形 C/D 的上边；上下连接正方形 A/D、A/B 和 A/D，最后将该条接缝在正方形 C/D 的左侧。

区块5

同区块 4，只是不同颜色（如图）。

区块6

同区块 4，只是不同颜色（如图）。

区块7

同区块 4，只是不同颜色（如图）。只接缝在一个 B 角 4 上，然后连接 A 和 F 角 5 的长边，并把它缝在区块右侧。

区块8

同区块 7，只是不同颜色（如图）。

区块9

同区块 7，只是不同颜色（如图）。在长边额外接缝 A 和 G 各一角 5，然后缝在区块的底边。

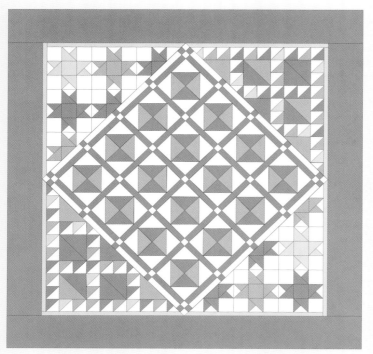

（图 6：台布全貌，包括边条，请看 245 页成品图）

1行：1 个 A 三角 2+ 折叠三角正方形 + 正方形 A。第 2 行：B 三角 2 和 1 个折叠三角正方形相互连接。

然后将这 2 行与 1 个 A 三角 2 上下接缝。

星星区块5

用正方形 A 和 C 拼缝。

星星区块6

用正方形 A 和 D 拼缝。

整体边角 Ⅲ

参看图 4。在第 Ⅰ 行将星星区块 4、1、2 相互接缝；在第 2 行接缝星星区块 5 和 3。然后将这 2 行与星星区块 6 上下连接，形成边角三角 Ⅲ。

边角三角 Ⅳ

同边角 Ⅲ 角 3，只是不同颜色。参照图 5，第 243 页。

中间部分第1道边条

参照图 6。先将 G 短条接缝在边角 Ⅲ 角 3 和 4 的右边；然后将 G 长条接缝在左边。最后把 4 个拼得的大三角与中间部分接缝在一起。

第2道边条

参照图 6。上下两边接缝 C 短条，左右两侧接缝 C 长条。

连接各层

参照图示连接。拼缝时注意，这个台布没有铺棉。

整体边角 Ⅰ

参看图 2。第 1 行接缝区块 4、5 和 7；第 2 行接缝区块 6 和 8。将这 2 行与区块 9 上下接缝，形成边角 Ⅰ。

边角 Ⅱ

同边角 Ⅰ，不同颜色，看第 242 页图 3。

边角 Ⅲ，星星区块1

参看图 4，把 8 个正方形 G 反面对角折，烫出折痕，然后将 4 个折好的三角与正方形 A 的底边和右边比齐，三角敞开的边与正方形的边对上，固定好；再将剩下的 4 个折叠三角摆在正方形 A 的左侧和底边，固定好。

第 1 行和第 3 行各为 1 正方形 A+ 带有折叠三角的正方形 + 正方形 A。第 2 行：在 2 个带有折叠三角的正方形之间接缝 1 个正方形 G，将第 1、2、3 行上下接缝在一起，形成星星区块 1。

星星区块2

用正方形 A 和 C 拼缝。

星星区块3

用正方形 A 和 F 拼缝。

星星区块4

用正方形 A 和 B，只缝合该区块的一半。具体方法是：做 2 个带有折叠三角 B 的正方形。第

绗缝

在所有拼缝方块的接缝处、小边条和边条、大三角的轮廓、星星轮廓以及边条接缝处都要绗缝。

收尾

绗缝后把里料与面料比齐，或者比面料大出 0.75cm。滚边条纵向反面相对烫平。

把敞开的一边与拼布边正面相对缝合，再折向背面，用手缝针藏针缝缝合。长滚边条缝在上下两边，折叠好弯角。

提示

台布不需要铺棉。用法兰绒或绒布作衬里虽然可以防止因接缝造成的不平，但是手缝针绗缝时困难较大，因此用机器绗缝会方便些。

壁挂"田纳西华尔兹"

尺寸

112.5cm x 112.5cm

区块尺寸

30cm x 30cm

纸样

第246、248、249页

材料

面料、里料、滚边条

A：35cm 红色

B：110cm 绿色印花

C：145cm 蓝绿色

面料 A 幅宽 90cm，面料 B 和 C 幅宽 115cm

铺棉

120cm x 120cm

其他

普通缝纫拼布工具；125cm红色丝带斜裁布条；纸板材料

准备

纸板：首先制作纸板。放大第246、248 和 249 页上的纸样，并且剪下来，图上所有标记一同画上。

裁剪

所有尺寸含有 0.75cm 缝份，制作样板时请整圈加上 0.75cm 缝份。

面料、区块

A：照样板 1 裁 4 块

A：照样板 2 裁 8 块

A+B：照样板 3 各裁 4 块

注意

请先裁样板 4、5 以及面料 B 的正方形。

B：照样板 2 裁 4 块

B：照样板 4 裁 4 块。图案两个部分的长边和短边要各自保证平行，正反影相对。

B：按照样板 5 裁 4 块。图案两个部分的长边和短边要各自保证平行，正反影相对。

中间部分及其他

B：4 个正方形 31.5cm x 31.5cm

滚边条

1 条 369.5cm 长的斜裁布条。

边条

C：2 条 11.5cm x 91.5cm。

注意：先剪裁 C 面料的背面正方形。

C：2 条 11.5cm x 111.5cm。

背面

C：115cm x 115cm。

铺棉

大约 115cm x 115cm。

滚边条

C：接缝 5 条 11.5cm x 95cm，然后修剪成 11.5cm x 451.5cm 的条形。

穿绳套

C：1 条 10cm x 112cm。

（图，中间区块 1）

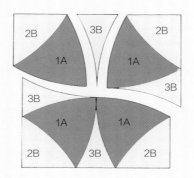

缝制

田纳西华尔兹拼布中间区块1

把 1 块面料 B 布块 2 的圆边与面料 A 布块 1 缝合在一起，一共缝 4 对。纸板上的标记务必要对好。把 B 布块 3 接缝在 A 布块 1 的左边。接缝出来的区块分 2 对缝合在一起，成为 2 个半边，再将 2 个半边缝合成整块。

4个边区块2

把 A 布块 2 的圆边与 B 布块 4 和 5 的对应边接缝起来，纸板上的标记务必要对好。然后接缝 A 布块 3 与 B 布块 4 和 5 的对应边。最后缝合 B4 和 B5 之间的接缝。

整体区块

在第 1 行和第 3 行顺序缝合正方形 B、区块 2 和正方形 B。在第 2 行顺序缝合区块 2、1 和 2。把第 3 行接缝在它的下边。

正面整体边条

在上下两边接缝短边条 C，左右两边接缝长边条 C。

红圈

先在正面正中画一直径 38cm 的圆，取 121cm 长的红色斜裁布条，接缝短边成圆形。将斜裁布条的中折印与区块上画出的圆弧正面相对固定，车缝斜裁布条。把斜裁布条向内折，车缝窄明线。

缝合各层

将三层对齐缝合。

绗缝

所有面料 A 的接缝以及圆弧轮廓线都要绗缝。另外边条接缝

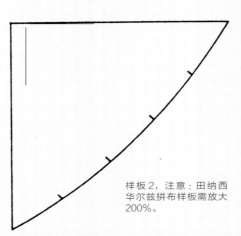

样板 2，注意：田纳西华尔兹拼布样板需放大 200%。

处也要绗缝。

收尾

绗缝完毕后将里料和铺棉与面料比齐，或大出 0.75cm。

反面对折滚边条，两头向里折烫 0.75cm 的缝份。将滚边条敞开的一边与区块正面相对，车缝整圈。滚边条的一半翻向反面，注意拐角处要折整齐，用手缝针藏针缝合。

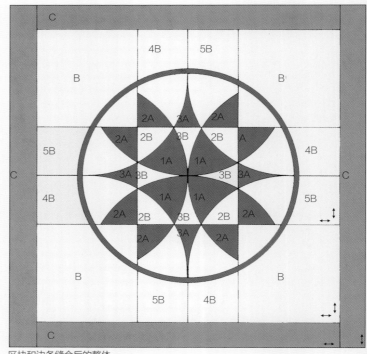

区块和边条缝合后的整体

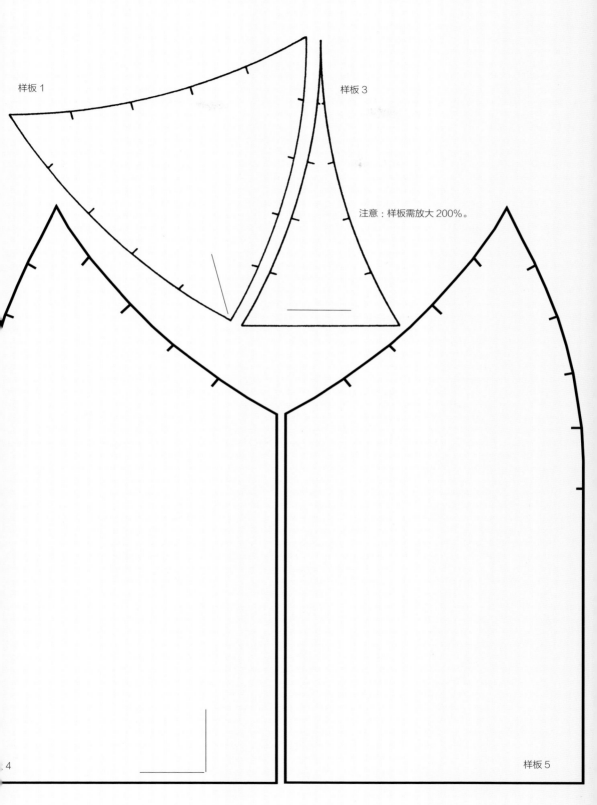

样板 1

样板 3

注意：样板需放大 200%。

4

样板 5

249

星星方桌布

尺寸

99cm x 99cm

拼布尺寸

25.5cm×25.5cm

纸样

第283页

材料

面料、里料、滚边条

A：15cm 浅米色印格

B：50cm 浅米色印条

C：110cm 浅米色

D：10cm 红白条

E：40cm 红白格

F：95cm 红色印条

所有面料幅宽 150cm

其他

普通缝纫拼布工具

准备

纸板：制作三角纸板。三角1：画正方形4.5cm x 4.5cm；三角2：画正方形5.25cm x 5.25cm；三角3：画正方形10.5cm x 10.5cm。把每个正方形剪2次对角线，由此得出纸板1、2、3。照图样画纸板4。

裁剪

所有尺寸含有 0.75cm 缝份，制作样板时请整圈加上 0.75cm 缝份。

提示

如果不做纸板，则三角1：画正方形8cm x 8cm；三角2：画正方形8.75cm x 8.75cm；三角3：画正方形14cm x 14cm。把每个正方形剪2次对角线，得到角1、2、3。

正面中间9个星星区块

A：9 个 正 方 形，12cm x 12cm

B：按照 4 号纸样裁 72 片，请注意布纹。

C：三角 2，72 片

注意

先裁背面的面料 C。

D：36 个三角 1

E：216 个三角 2

F：36 个三角 3

中间小边条

F：6 条 6.5cm x 27cm

注意

先裁剪 F 边条及长边条。

F：2 条 6.5cm x 88cm

边条

F：4 条 6.5cm x 100cm，裁剪时注意每个上的条纹要保证一致。在每个两头从外向内剪 45° 角，用来做拐角的斜边。

里料

C：105cm x 105cm

滚边条

F：1 个 斜 裁 布 条，6.5cm x 397.5cm。用正方形51cm x 51cm 做 6.5cm 宽的斜裁布条，最后剪成 397.5cm 长。

缝制

正面中间9个星星区块

将 1 个 C 角 2 和 1 个 E 角 2 的长边缝合在一起，共缝 8 对。然后把 E 角 2 的 2 个短边与 C 角 2 的 2 个短边缝合；把接缝出来的 4 个大三角与 1 个 F 角 3 长边接缝在一起。再把大三角的左边与龙形角缝合，形成 A 片。将 D 角 1 的短边和 B 龙形的右短边缝合在一起，形成 B 片。

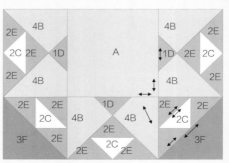

图 1，星块的组合

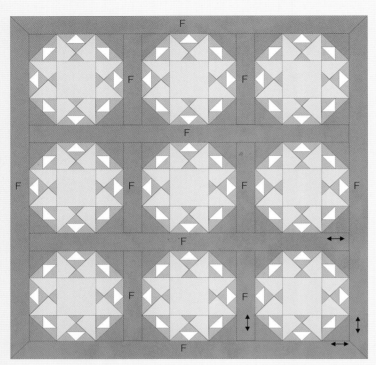

图 2，整体缝合前的排列

星星壁挂

尺寸

30.5cm x 37cm

拼布尺寸

25.5cmx25.5cm

纸样及装饰星星图样

第283页

材料

面料、里料、边条

A：20cm 浅米色印格

B：15cm 浅米色印条

C：35cm 浅米色

D：10cm 红白条

E：10cm 红白格

F：15cm 红色印条

所有面料幅宽 150cm

铺棉

35cm x 90cm

其他

普通缝纫拼布工具

准备

纸板：制作三角纸板。无纸板方法见 250 页作品制作方法。

裁剪

所有尺寸含有 0.75cm 缝份，制作纸样时请整圈加上 0.75cm 缝份。

正面星星区块

A：1 个正方形，12cm x 12cm

B：按照 4 号纸样裁 8 片

C：24 个三角 2

D：4 个三角 1

F：4 个三角 3

将 B 片的长边与 A 片的斜边缝合，共缝 4 组。第 1 行和第 3 行分别由 2 个正方形区块和 1 个长方形区块交替拼缝。第 2 行由 2 个长方形区块和 1 个大 A 正方形交替拼缝而成，在第 2 行下面接缝第 3 行。

中间整体

参照图 2。把 3 个星星区块和 2 个 F 短边条接缝在一起，共接缝 3 行，其间上下交替接缝 F 长条，形成整个中间部分。

正面整体

参照图2，在四周缝合 F 边条，拐弯为斜角，最后缝合拐弯处。

缝合各层

将三层对齐缝合，该桌布没有铺棉。

绗缝

在接缝处绗缝星星轮廓。

收尾

绗缝完毕后将里料、铺棉与面料比齐，或大出 0.75cm。反面对折滚边条，两头向里折烫 0.75cm 的缝份。将滚边条敞开的一边与区块正面相对，车缝整圈。滚边条的一半翻向反面，注意拐角处要折整齐，用手缝针藏针缝缝合。

中间小边条

F：2 条 4cm x 27cm

F：2 条 4cm x 32cm

里料

C：32cmx 32cm

铺棉

32cmx 32cm

穿绳套

F：4 条 7.5cm x 14.5cm

装饰星星

C：2 个 正 方 形 15cmx 15cm

缝制

星星区块

方法同 250 页作品的制作方法。

边条

在左右两侧接缝 F 短边条，上下两边接缝 F 长边条。

收尾

给面料、里料及穿绳套 Z 形

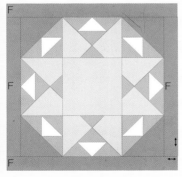

缝合边条

锁边。将 F 面料的穿绳套斜裁布条反面相对，纵向折叠，沿着长边车缝窄明线，翻面，两边车缝窄明线；对折绳套，在距折边 1cm 处车明线。均匀摆开绳套，把开口和拼布正面上边固定在一起；里料的正面与拼布正面相对，放上铺棉，沿着外边缝合三层，留返口，翻面，缝合返口。

绗缝边条接缝及星星轮廓。

装饰用星星：把第 283 页上的图形画在一个 C 的正方形正面上，然后把这个正方形与另一个正方形 C 反面相对，沿着画线用红色线 Z 形车缝（针脚宽约 1.5mm）星星。再沿着 Z 形线剪下星星，如果必要，还可以再沿着轮廓车缝宽明线。把剪下的星星用红色线分别相距 5cm 系在一起，挂起来。

星星松树壁挂

尺寸

15cm x 77.5cm

拼布尺寸

15cmx15cm

纸样

第256页

材料

面料、里料

A：20cm 红绿蓝圣诞印花布

B：20cm 金红印花布

C：5cm 金绿彩格

D：10cm 金棕彩格

E：15cm 金绿印字

F：5cm 棕黑印花

G：15cm 金绿印圈

H：20cm 深红色

所有面料幅宽 115cm

铺棉

约 20cmx 90cm 加硬铺棉

其他

普通缝纫绗缝工具；4 颗木制星星，直径约 7cm；星星图案金属架；25cm 长的松枝；花线；松球；桂皮；150cm 长的圣诞树链；猩红色手工涂料

准备

先准备纸板。复制第 256 页上的三角纸板 1~3。

裁剪

所有尺寸含有 0.75cm 缝份，制作纸板时请整圈加上 0.75cm 缝份。

正面松树区块

D：2 个 长 方 形 4.5cm x 7.5cm

D：1 个纸样 2 三角

D：1 个纸样 3 三角

E：1 个纸样 1 三角

F：1 个 正 方 形 4.5cm x 4.5cm

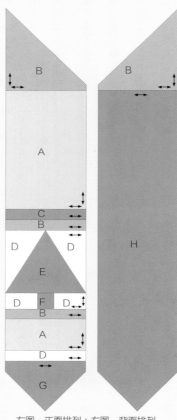

左图：正面排列；右图：背面排列

其余部分

A：1 个 长 方 形 16.5cm x 24.5cm

A：1 个 长 方 形 7.5cm x 16.5cm

B：：1 个 长 方 形 16.5cm x 18.5cm，在左侧从左下向右上剪个 45° 角。

B：2 条 3.5cm x 16.5cm

C 和 D： 各 1 条 3.5cm x 16.5cm

G：1 个 长 方 形 11.25cm x 16.5cm，从中间向反面对折（折边向下），在右外侧从右下向左上剪 45° 角。

里料

B：1 个 长 方 形 16.5cm x 18.5cm，在右外侧从右下向左上剪 45° 角。

铺棉

把 16.5cm x 65cm 长 方 形铺棉从中间反面对折（折边向下），在右侧从右下向左上剪 45° 角，形成尖角。

缝制

松树区块

把 D 三角 2 的长边与 E 三角 1 的左侧短边接缝在一起；把 D 三角 3 的长边和 E 三角 1 的右侧短边接缝在一起；将长方形 D、正方形 F 和长方形 D 顺序接缝在一起。最后将这 2 个长方形上下接缝在一起。

连接，拼成整个圣诞树。

面料

将剪出斜角的 B 的短边与大长方形 A 的上边接缝，然后将这部分顺序接缝条形 C、条形 B、松树区块、条形 B、小长方形 A、条形 D 以及尖角 G，拼成正面整体。

里料

把剪出斜边的 B 的短边与背面 H 的上边缝合。

收尾

将正反两面的短边 Z 形锁边。面料和里料正面相对，铺棉放置最上面，车缝各边，留出返口，把尖角处的缝份剪小，翻面，缝合返口。

除去圣诞树，绗缝所有缝份。

把剪出斜边的长方形 B 从后向前穿过装饰架，尖头缝合固定在正面，手缝针固定右侧开口。用涂料涂红木制星星，把圣诞树链穿过星星，固定在装饰架左右两侧，再在架子上装饰些松枝。

灯饰圣诞树壁挂

尺寸

25cm x 25cm

区块尺寸

15cm x 15cm

纸样

本页

材料

3 个壁挂的正反面

A：15cm 红绿蓝圣诞印花布

B：25cm 金红印花布

C：15cm 金绿彩格

D：15cm 金棕彩格

E：15cm 金绿印字

F：5cm 棕黑印花

G：15cm 金绿印圈

H：20cm 深红色

所有面料幅宽 115cm

铺棉

约30cmx 90cm 加硬铺棉

其他

普通缝纫绗缝工具；2 颗木制星星，直径约 11cm；1 根圆木棍，长 90cm, 直径 12mm；100cm 长的松树链；金线；松球；桂皮；小灯链；猩红色手工涂料

准备

先准备纸板，与第 254 页的作品相同。

裁剪

所有尺寸含有 0.75cm 缝份，制作纸板时请整圈加上 0.75cm 缝份。

正面松树区块

C、E、G：各 1 片纸板 1 三角

D：6 个长方形，4.5cm x 7.5cm

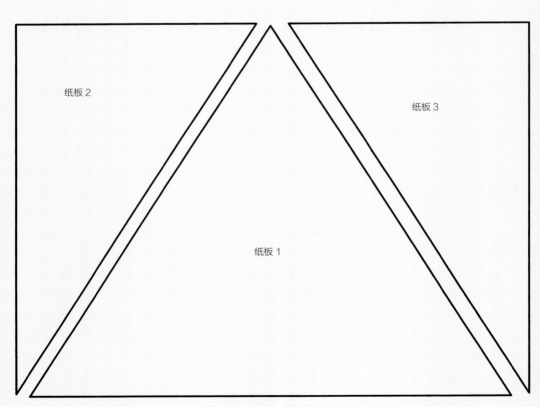

纸板 2

纸板 3

纸板 1

第 254、256 页作品共用

D：3 个纸板 2 三角

D：3 个纸板 3 三角

F：3 个正方形，4.5cm x 4.5cm

滚边条

A 和 B：各 3 个斜裁布条，6.5cm x 21.5cm

A：3 个斜裁布条，6.5cm x 26.5cm

B：3 个斜裁布条，6.5cm x 16.5cm

里料

H：3 个正方形，26.5cm x 26.5cm

铺棉

3 个正方形，26.5cm x 26.5cm

穿绳套

B：6 个长方形，13.5cm x 14.5cm

缝制

正面中间圣诞树（每个）区块参见 254 页作品纸样和右边纸样。

正面整体

先在右侧接缝 B 的短边条，B 的长边条缝在下边；在左侧先接缝 A 的短边条，最后在上边缝 A 的长边条。

收尾

每个圣诞树：给正反面的每个边用密集的 Z 形锁边。把穿绳套的 2 个 B 布块正面相对叠在一起，缝合两个长边，翻面，捋好缝份并烫平，对折后把开口一边固定在圣诞树区块的上边，距侧边约 1.5cm。然后把前后两片正面相对，铺棉置于最上面，车缝

四周，留出返口，翻面并缝合返口。

绗缝中间部分与边条接缝处。

把木棍涂成绿色，星星涂成红色。从 3 个星星的穿绳套里穿过木棍。在木棍的两头各固定 1 个星星。最后把圣诞枝链和灯链固定上。

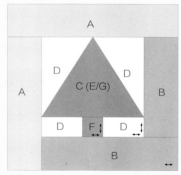

区块排列顺序

蕾丝壁挂

加穿绳套长度

24cm x 28cm

无穿绳套长度

24cm x 24cm

区块尺寸

18cm x 18cm

材料

两幅壁挂的面料、里料

A：约 10cm x 20cm 白色钩花

B：10cm x 20cm 白色印花

C：10cm x 40cm 白色叶子印花

D：30cm 白色

E：10cm 白色星星印花

F：10cm x 20cm 白色印条

面料 B~F 幅宽为 115cm。面料 A 是 7.5cm 宽的成品花边，也可用其他 7.5cm x 7.5cm 的图案代替。

其他

普通缝纫拼布工具。40cm 全棉白色花边，宽约 4cm；20cm 成品花边，宽 2cm；1 个心形架子，长约 19cm；1 个树枝，长约 30cm

准备

纸板：制作三角纸板。画正方形 6cm x 6cm。剪 2 次对角线，得到纸板。

裁剪

所有尺寸含有 0.75cm 缝份，制作纸板时请整圈加上 0.75cm 缝份。

提示

如果不做纸板，可画正方形 9.5cm x 9.5cm，剪 2 次对角线，得到 4 个三角。

2 幅壁挂/2 个俄亥俄星星区块

A：2 个正方形，7.5cm x 7.5cm。如果花边容易脱落，可锁边。

B 和 D：各 8 个三角。

注意

先裁剪里料 D。

C：16 个三角。

D：7 个正方形，7.5cm x 7.5cm

边条

E：4 条，4.5cm x 19.5cm

E：4 条，4.5cm x 25.5cm

里料

D：2 个正方形，25.5cm x 25.5cm

壁挂 1

穿绳套

4 条全棉花边，9.5cm 长

壁挂 2

F：2 个长方形，7.5cm x 9.5cm

2 条 9.5cm 长的成品花边

缝制

壁挂 1、2 俄亥俄星星区块

把 B 和 C、C 和 D 的短边接缝在一起，共接缝 4 组，缝份分别倒向 B 和 C。

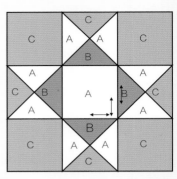

单个星星拼块

将拼得的 B/C 和 C/D 的长边接缝成正方形，共 4 个，缝份倒向 B/C 三角。第 1 行和第 3 行的接缝顺序为正方形 D、拼接正方形和正方形 D，缝份倒向正方形 D。第 2 行的接缝顺序为拼接正方形、正方形 A 和拼接正方形，缝份倒向拼接正方形。上下接缝 1~3 行，缝份倒向第 1、3 行。

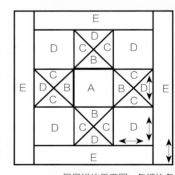

星星拼块示意图，包括边条

整体正面和边条

短条 E 分别接缝在区块的上下两边；长条 E 分别接缝在左右两边，缝份倒向外侧。

收尾

壁挂1

把前后2片的四周用窄的Z形针脚锁边。把用来做穿绳套的2个花边分别正面相对,车缝长边,翻面并对折。

对折后把开口一边固定在区块上边,距侧边约5cm。然后把

前后2片正面相对,车缝四周,留出返口,翻面,穿绳套同时也缝合固定,缝合返口。

在距接缝5mm处绗缝星星轮廓,四周车缝窄明线。将树枝穿过穿绳套。

壁挂2

方法同壁挂1。长向正面对

折穿绳套布块F,缝合长边,翻面。

在长边的两侧缝上花边。然后按照壁挂1的方法缝上穿绳套,套上架子。

提示

白色拼布也适用于制作窗饰。透过来的缝份起装饰作用。

天使壁挂

尺寸

63cm× 73cm

拼块尺寸

6cm × 6cm

贴布图样

第262页

材料

面料和滚边条

A：55cm 浅驼色星星印格

B：30cm 浅棕色杂点

C：10cm 金棕色暗花

D：10cm× 18cm 黄棕色暗花

E：25cm× 35cm 黄绿色暗花

F：10cm× 15cm 原色

G：12cm× 12cm 黄色印条

H：35cm 棕黑色暗花

所有面料幅宽 115cm

里料和穿绳套

I：70cm 白色暗花

铺棉

70cm × 90cm

其他

普通缝纫拼布工具：10cm× 90cm绣花衬；1支红色布艺用笔；60cm金色绳子；棕色绣花线；薄纸；硬纸壳或硬纸

准备

四角星星

每颗星星由 4 个单元组成。在绣花衬上画 16 个单元，之间留出足够的空间做缝份。或者也可以复印 16 份。无论哪种（纸或者绣花衬）当底衬都比较容易缝制。

提示

实物尺寸图均为原图的背面，即反影，和最终图样相反。请把 2 份单元图画在纸上。

（四角星星，实物单元图）

贴布

所有贴布图案放大 200%（整体高 55cm），梯子除外。每个图案都画 1 份在薄纸或者硬纸上，不留缝份剪下来。

裁剪

尺寸含有 0.75cm 缝份。给星星单元布块加 1cm 缝份；各贴布部分加 0.75cm 缝份。

正面中间

A：1 个 长 方 形，50cm × 60cm

贴布

所有贴布，梯子除外，均裁剪 1 份，整圈加上 0.75cm 的缝份。贴布图样上的字母表示面料颜色。

梯子

H：1 条 3.5cm × 56cm

注意

先用面料 H 裁滚边条。

H：1 条 3.5cm × 52cm。

H：1 条 3cm × 40cm。

边条

B：2 条 7.5cm × 50cm

B：2 条 7.5cm × 60cm

四角星星

把 16 个星星图样摆在相应面料的反面（图样内的字母表示面料颜色），剪下图形，整圈加上约 1cm 的缝份。

里料

I：1 长方形，68cm × 78cm

铺棉：1 长方形，68cm × 78cm

滚边条

H：2 条 6.5cm × 62cm

H：2 条 6.5cm × 74.5cm

穿绳套

I：1 条 10cm× 62cm

贴布

把贴布面料的反面放在相应的纸样或纸壳样上，最好在面料正面别上珠针固定。布边烫向反面，固定好。在烫向反面之前，可以在留出的缝份上用普通线疏缝一下，然后轻轻地拽疏缝线，使面料正好包住纸样。带着纸样仔细熨烫面料，角和圆弧处可以剪牙口，然后取下珠针和纸样，疏缝固定烫向反面的布边。

把做梯子的H斜裁布条纵向反面对折，在长条H距折边 1cm 处车缝明线；在短条H距折边 0.75cm 处车缝明线。留缝份 2~3mm，其余的剪掉。

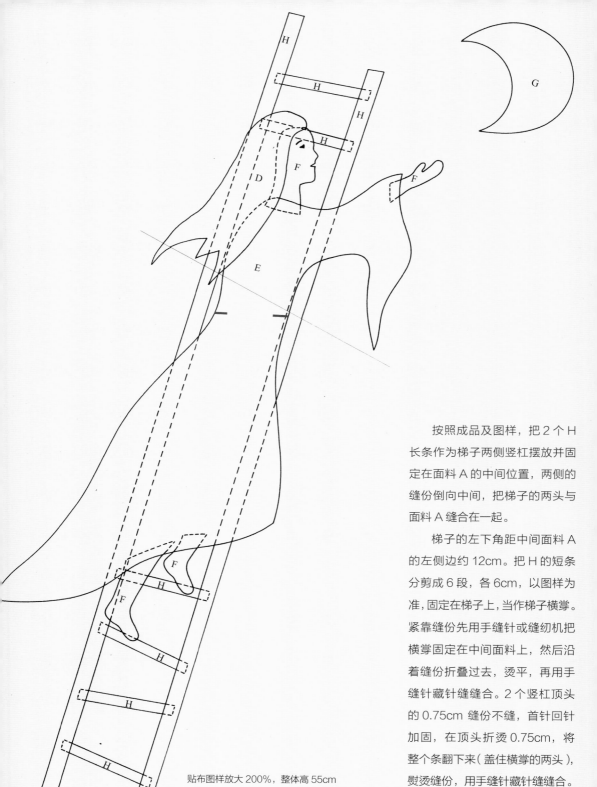

贴布图样放大 200%,整体高 55cm

按照成品及图样,把 2 个 H 长条作为梯子两侧竖杠摆放并固定在面料 A 的中间位置,两侧的缝份倒向中间,把梯子的两头与面料 A 缝合在一起。

梯子的左下角距中间面料 A 的左侧边约 12cm。把 H 的短条分剪成 6 段,各 6cm,以图样为准,固定在梯子上,当作梯子横撑。紧靠缝份先用手缝针或缝纫机把横撑固定在中间面料上,然后沿着缝份折叠过去,烫平,再用手缝针藏针缝缝合。2 个竖杠顶头的 0.75cm 缝份不缝,首针回针加固,在顶头折烫 0.75cm,将整个条翻下来(盖住横撑的两头),熨烫缝份,用手缝针藏针缝缝合。

把天使图形的各部分固定在中间面料上，注意贴布顺序，该被盖住的部分应压在里面。示意图中被盖住部分为虚线。

把金色绳子平分2段，按照图上位置把绳子压在长裙下面固定住。然后分别固定各个部分，用手缝针藏针缝缝合，同时绳子也被缝住。最后用布艺专用笔画上嘴；用金色线绣出眼睛和眉毛；把绳子系成蝴蝶结，去掉疏缝线。

缝制

在纸上缝四角星星

准备好16个四角星星单元拼缝纸样（纸或绣花衬），按照纸样上标明的顺序把2块布块缝在纸上。布块1正面向上放在实物拼缝纸样没有标记的一面，用珠针沿着缝纫标记线把纸和面料固定在一起，查看一下接缝处是否能完全被缝份遮住，同时也确定了下一布块的摆放位置。把布块2与布块1正面相对，沿着纸样上的缝纫标记线小针脚（2mm）车缝，首尾针均让出几针并回针加固。车缝完后查看是否所有拼缝单元完全缝合，然后留0.75cm缝份，剪掉其余部分。把正面捋平或烫平，剪去大于拼缝单元部分，周围只留下0.75cm的缝份。小心撕下缝纫纸，把每2个拼缝单元缝在一起，共8对；再分4

次缝合每对，形成星星。

正面整体的边条

先在中间部分的两侧缝合长条B；在短条B的两头接缝星星区块，把拼缝后的短条接缝在中间部分的上下两边。

缝合各层

将三层对齐缝合。

绗缝

绗缝所有边条接缝、天使轮廓、月亮轮廓以及梯子，绗缝线距接缝线2mm。另外在天使的头发上从上向下绗缝出波纹线。

收尾

绗缝完毕后将里料和铺棉与面料比齐，或大出0.75cm。反面对折滚边条，将短滚边条敞开的一边与区块上下两边正面相对车缝。滚边条的一半翻向反面，用手缝针藏针缝缝合。

两侧的长滚边缝制方法相同，只是在翻向反面之前先缝合两头。穿绳套斜裁布条正面相对折叠，缝合三边，留出返口，翻面，缝合返口。用小针脚将穿绳套横着缝在壁挂的背面。

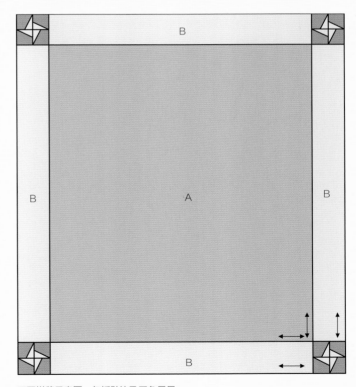

正面拼缝示意图，包括贴边及四角星星

天使之星桌布

对角尺寸

78cm

纸样

第264、266页

材料

面料、里料

A：90cm 深蓝色

B：20cm 深蓝金叶子

C：30cm 白金星星

D：35cm 深蓝金印花

E：2cm x 12cm 金黄色

F：6cm x 40cm 黄铜色

G：6cm x 40cm 白色

H：5cm x 40cm 浅黄色

面料 A~D 和 G 幅宽 115cm；

面料 E、F、H 均为混纺缎光料头

铺棉

75cm x 90cm 黏合铺棉

其他

普通缝纫拼布工具；约50cm x
90cm绣花衬用缝纫纸（也可在纸
上缝）；少量薄纸

准备

天使

　　天使图案由2个单元组成。
先在绣花衬上画出这2个单元，
共6份，中间留出充足的缝纫空
间。也可以复印纸样。

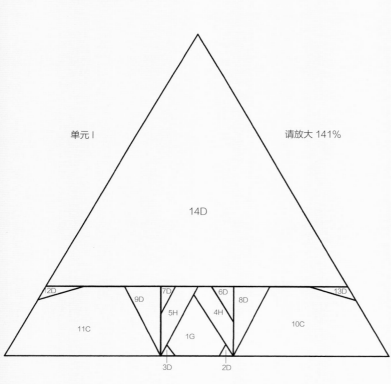

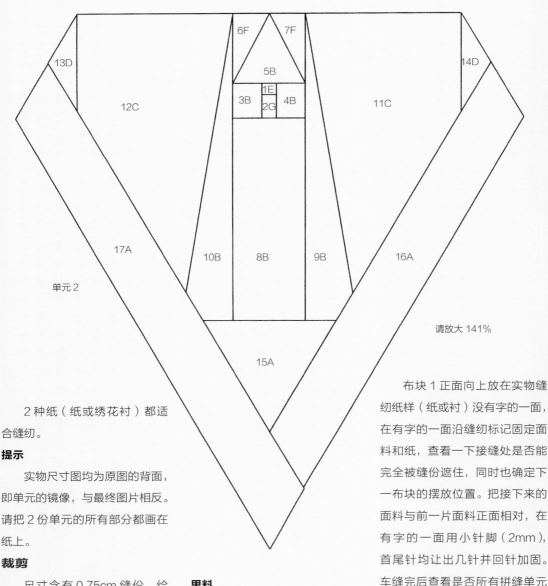

6F　7F

13D

5B

12C

3B　1E　4B
　　2G

14D

11C

17A

10B　8B　9B

16A

单元 2

请放大 141%

15A

2 种纸（纸或绣花衬）都适合缝纫。

提示

实物尺寸图均为原图的背面，即单元的镜像，与最终图片相反。请把 2 份单元的所有部分都画在纸上。

裁剪

尺寸含有 0.75cm 缝份。给星星单元布块加 1cm 缝份，各贴布部分加 0.75cm 缝份。

正面6个天使图案

把所有图案部分均画在相应面料（图中字母表示面料颜色）的反面，共画 6 份，每部分都要加大约 1cm 的缝份，然后剪裁下来。

注意

先裁剪里料A。

里料

A：1 个 长 方 形，75cm x 85cm

铺棉

1个长方形，75cm x 85cm

缝制

在纸上缝纫 6 个天使，单元 1 和 2。

按照标记出来的顺序缝合各部分。

布块 1 正面向上放在实物缝纫纸样（纸或衬）没有字的一面，在有字的一面沿缝纫标记固定面料和纸，查看一下接缝处是否能完全被缝份遮住，同时也确定下一布块的摆放位置。把接下来的面料与前一片面料正面相对，在有字的一面用小针脚（2mm），首尾针均让出几针并回针加固。车缝完后查看是否所有拼缝单元完全被缝住，然后留 0.75cm 缝份，剪掉其余部分。把正面将平或烫平，在有字的一面把刚刚缝上的部分用珠针固定一下，这点很重要，可以避免缝纫时出现歪斜现象。将所有部分缝好后，剪去大于拼缝单元的部分，周围只留 0.75cm 的缝份，小心撕下衬纸或缝纫纸。

缝合各单元

缝合单元1和2,完成天使。

正面整体

接缝两个相邻的天使,从中间向外缝,最后的0.75cm留下不缝,倒车回针。所有缝份烫向一边。然后再接缝另一个天使,形成两个半边星星,再次烫平缝份,使其倒向一边。把两份缝合成整个星星,中间缝份劈烫开。

收尾

给面料的外圈Z形锁边;将黏合铺棉烫在里料的反面,把正反两面正面相对,沿着正面的外圈缝合,留返口。

以正面为准,剪去铺棉和里料的多余部分,把尖角处的缝份剪为极小,拐弯处打牙口,翻面,缝合返口。

纫缝所有天使轮廓以及外圈面料A与其他A、C和D的接缝处。中间D和D、H的接缝处也要纫缝。最后用布艺专用笔画出天使的眼睛。

267

星星餐垫

尺寸

31.5cm x 45.5cm

拼布尺寸

10cm x 10cm

材料（两副盘垫）

面料和滚边条

A：10cm 白色金汉字

B：40cm 白色印花

C：20cm 米色浅棕色星星

D：10cm 白色印圈

里料

E：40cm 米色

所有面料幅宽 115cm

铺棉

50cm x 90cm 黏合铺棉

其他

普通缝纫拼布工具

裁剪

尺寸含有 0.75cm 缝份。

提示

三角由缝在一起的正方形做成。

每个盘垫2个拼块

A 和 B：各8个正方形，4cm x 4cm

C：16 个正方形，4cm x 4cm

D：24 个正方形，4cm x 4cm

拼布滚边条

C：4 条 3.5cm x 11.5cm

小边条

B：1 条 2.5cm x 11.5cm

第1道边条

C：2 条 3.5cm x 30.5cm

2 块正方形叠在一起，缝合对角线，沿缝合线裁三角形

第2道边条

B：1 条 11.5cm x 30.5cm

B：1 个长方形 20.5cm x 30.5cm

里料

E：1 个长方形 34cm x 48cm

铺棉

1 个长方形 34cm x 48cm

滚边条

B：2 条 6.5cm x 44.5cm

B：2 条 6.5cm x 33cm

缝制

正面中间2个拼块

把正方形 A 反面对折，烫出折痕，打开折痕，与正方形 B 正面相对，沿着对角线折痕车缝。在距缝合线 0.75cm 处剪裁三角，打开三角 A 呈正方形，烫平。每个星星需要 4 个这样的区块。用同样方法缝合正方形 C 和 D，共缝 8 块。

第 1 行和第 4 行接缝顺序为：1 个正方形 D、2 个正方形 C/D 和 1 个正方形 D。

第 2 行和第 3 行顺序为：1 个正方形 C/D、2 个正方形 A/B

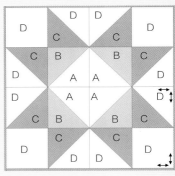

布块组合

和 1 个正方形 C/D。然后将 4 行上下接缝在一起。

中间整体

按照示意图先将 3.5cm x 11.5cm 的长条 C 接缝在区块的上下两边；用中间小边条 B 上下接缝两个区块（看第 270 页示意图）。

第1道边条

按照示意图在中间的两侧各缝 1 个 C 条。

第2道边条

按照示意图将 11.5cm 宽的 B 条缝在左侧，右侧缝长方形 B。

缝合各层

将三层对齐缝合。把黏合铺棉烫在里料的反面。

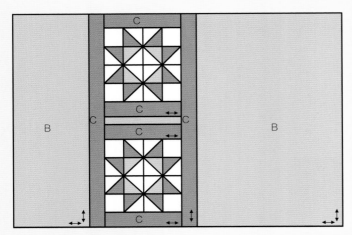

第 268 页作品图：盘垫正面和边条

绗缝

绗缝拼布轮廓及边条接缝。

收尾

绗缝完毕后将里料、铺棉与面料比齐，或大出 0.75cm。反面对折滚边条，两头向里折烫。

将滚边条敞开的一边与区块正面的上下两边相对，固定并车缝。滚边条的一半翻向反面，用藏针缝缝合固定。短滚边条缝在两个侧边，向背面折叠之前先折缝两头，拐角处折整齐。

靠枕垫正面示意图，包括边条

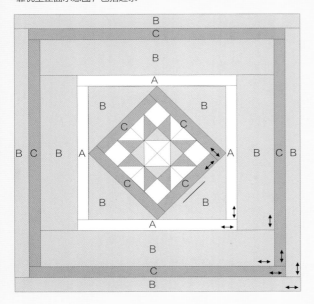

星星靠枕

尺寸

38.5cm x 38.5cm

区块尺寸

10cmx 10cm

材料

面料、里料

A：10cm 白色金汉字

B：15cm 白色印花

C：10cm 米色浅棕色星星

D：10cm 白色印圈

靠枕套里料

E：45cm 米色

所有面料幅宽 115cm

其他

普通缝纫拼布工具；3颗纽扣，麦皮做枕芯。

准备

准备纸板，画一个正方形，13cm x 13cm，剪 2 次对角线，取其中之一当纸板。

裁剪

所有尺寸含有 0.75cm 缝份。

提示

用缝合在一起的正方形制作三角。

无纸板制作三角纸板：裁正方形 16.5cm x 16.5cm，剪 2 个对角线，得 4 个三角形。

区块正面和中间

面料 A 和 B 各剪 4 块 4cm x

4cm 正方形。

注意

先用面料 B 裁剪里料和边条。

C：8 个正方形，4cm x 4cm

D：12 个正方形，4cm x 4cm

区块边条

C：2 条 3cmx 11.5cm

C：2 条 3cmx 14.5cm

其余部分

4 个 B 三角形

第1道边条

A：2 条 3cmx 20cm

A：2 条 3cmx 23cm

第2道边条

B：2 条 6.5cmx 23cm

B：2 条 6.5cmx 33cm

第3道边条

C：2 条 3cmx 33cm

C：2 条 3cmx 36cm

第4道边条

B：2 条 3.5cmx 36cm

B：2 条 3.5cmx 40cm

靠枕背面

B：1 个长方形 20cmx 40cm

B：1 个长方形 29cmx 49cm

靠枕里料

E：2 个正方形 40cmx 40cm

缝制

正面中间、区块

区块缝制方法同第 268 页盘垫。

区块边条

区块上下两边接缝面料 C 短条；长条 C 接缝在区块左右两边

（参照第 270 页下方的示意图）。

中间整体

在区块的四周接缝三角形 B 的长边。

第1道边条

区块的左右两边接缝 A 短条；上下两边接缝 A 长条。

第2道边条

区块的左右两边接缝 B 短条；上下两边接缝 B 长条。

第3道边条

区块的左右两边接缝 C 短条；上下两边接缝 C 长条。

第4道边条

区块左右两边接缝 B 短条；上下两边接缝 B 长条。

看第 270 页枕头正面拼接排列示意图。

收尾

把靠枕前后两面正方形及里料用较密的 Z 形针脚或专用机器锁边。

把背面两个长方形交接边各自向里折 0.75cm，然后再各自向里折 2.5cm，沿边车缝窄明线。在上片制作 3 个扣眼，在下片缝 3 颗纽扣。上片压住下片 10cm，车缝两边。

靠枕前后两片正面相对车缝，翻面。里料的两个正方形正面相对，缝合四周，留出返口。从返口处装入麦皮，缝合返口。将枕芯装入靠枕套。

单星台布

尺寸

120cm x 120cm

绗缝图样

第283页

材料

面料、滚边条

A：90cm 红绿白条

B：25cm 白金暗花

C：115cm 深红金色印花

D：35cm 深红暗花

E：30cm 白绿红花

F：25cm 米色金圈

G：15cm 白绿印花

H：80cm 原色金暗花

I：10cm 红色绿叶

里料

J：130cm 白色金星

面料 A~I 幅宽 115cm，面料
J 幅宽 150cm

铺棉

250cm x 90cm

其他

普通缝纫绗缝工具。

准备

准备三角样板。中间三角需
要一个正方形 40cm x 40cm；第
2 道边条三角需要正方形 10cm x
10cm，剪 2 次对角线，得到一大、
一小 2 个三角样板。

裁剪

所有尺寸含有 0.75cm 缝份，
请在样板周围加上 0.75cm 的缝份。

提示

如果你不做纸板，大三角形需要正方形
43.5cm x 43.5cm；小三角形需要正方形
13.5cm x 13.5cm，把正方形剪 2 次对角线，
得出 4 个三角形。

单星正面中间

A 和 G 各裁 1 条 6.4cm x 85cm。

注意

裁 A 条时，面料上的条纹图案要平直，
每个斜裁布条上的条纹应相同。

B 和 F：各 2 条 6.5cm x 85cm。

C 和 E：各 3 条 6.5cm x 85cm。

D：4 条 6.5cm x 85cm。

正方形和三角形

H：4 个正方形，29.75cm x 29.75cm

H：4 个大三角形

第1道边条

C：4 条，2.75cm x 102.5cm。在每个
条的两个窄头从外上向内下剪 45° 斜角。

第2道边条

A、B、D、E、F、G、I：各 1 条 6.5cm x
85cm。

注意

A 条的条纹为横向。把每个斜裁布条都
剪裁成 8 个宽度为 6.5cm 的 45° 菱形块。

H：4 个小三角形

第3道边条

C：4 条 5.5cm x 120.5cm。先剪 8 条
5.5cm x 61cm，分 4 对接缝窄头，再把这 4
个斜裁布条的两头从外上向内下剪 45° 角，
形成斜角。

里料

　　J : 1 个正方形，125cm x 125cm

铺棉

　　1 个正方形 125cm x 125cm。先剪 2 个长方形 62.5cm x 125cm，用大十字针接缝长边成正方形。

滚边条

　　C : 1 个长条 6.5cm x 480cm。先剪 5 条 6.5cm x 100cm，接缝短边，修剪成 480cm 的长条。

缝制

正面中间

拼条1

　　把 A、B、C、D 各 1 个条形的长边接缝起来。按照图 1 接缝第 2、3、4 条时各向下错开一些。

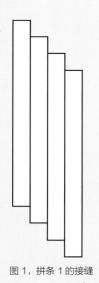

图 1，拼条 1 的接缝

拼条2

　　把 B、C、D、E 各 1 个条形的长边接缝起来。接缝第 2、3、4 条时各向下错开一些。

拼条3

　　把 C、D、E、F 各 1 个条形的长边接缝起来。接缝第 2、3、4 条时各向下错开一些。

拼条4

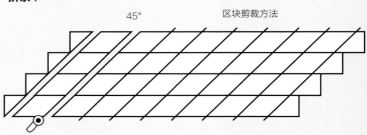

45°　　　　　　　区块剪裁方法

　　把 D、E、F、G 各 1 个条形的长边接缝起来。接缝第 2、3、4 条时各向下错开一些。

　　烫平 4 块拼条。注意，第 1 和第 3 条的缝份倒向同一方向；第 2 和第 4 条的缝份倒向相反的方向。把区块垂直放在熨衣板上熨烫。

8大菱形块

　　把区块 1~4 各剪出 8 个

6.5cm 宽的 45° 菱形块，然后将它们接缝在一起。每个小菱形块的尖都对在一起。

拼接8个菱形角的星星

　　将 4 对菱形各自拼接起来，每对都是四分之一个星星。从中

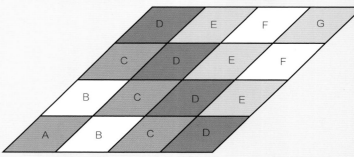

由 4 个单元组成的菱形块

间向外接缝，最后的 0.75cm 不缝，回车加固，把所有缝份烫向一侧；把每 2 个 1/4 接缝成半个星星，缝份倒向一边。最后将 2 个半边星星接缝在一起。

接缝之前把缝份捋平，如果必要可以先固定一下。为了取得平整效果，建议先从中间向外接缝一半，然后再从中间向外接缝另一半，最后的0.75cm仍先不缝，倒针回车。缝份烫向一边，如果缝份太厚，可以劈烫开。接缝大三角形和正方形。

将三角形H的1个短边接缝在星星上，最后的0.75cm不缝，倒针回车。然后从内向外接缝另一个短边，从0.75cm处缝起，倒针回车。用这种方法接缝4个三角。4个正方形H接缝方法相同。

正面整体

第1道边条

将C条接缝在中间部分的四周，最后缝合四角。

第2道边条

顺序接缝8个菱形块A、B、D、E、F、G、I；在它们的4个短边接缝1个小三角形H，然后按照第1道边条的接缝法把它们接缝在中间部分的四周，最后缝合四角。

第3道边条

同第1道边条，在四周接缝C条，最后缝合四角。

缝合各层

将三层对齐缝合。

绗缝

在距缝份5mm处绗缝星星内的所有菱形；与小三角形平行绗缝大三角形，间隔距离为0.5cm、5.5cm和11cm，绗缝线沿至第2道边条，第2道边条内的小三角也绗缝，距缝份5mm。在正方形H正中绗缝图形，花心内缝1个小十字。

在第1道边条内绗缝1道平行线，第3道边条内在距缝份5mm处也绗缝1道平行线。

收尾

绗缝完毕后把里料和铺棉与面料比齐，或大出0.75cm。把滚边条反面相折，两头向里折0.75cm，然后将双层滚边条开口一边与区块正面相对固定，车缝。滚边条的另一半折向反面，折好四角，在反面用手缝针藏针缝缝合。

45°　　　　　　　　　　　　　　　　　　　　　　第2道边条菱形块

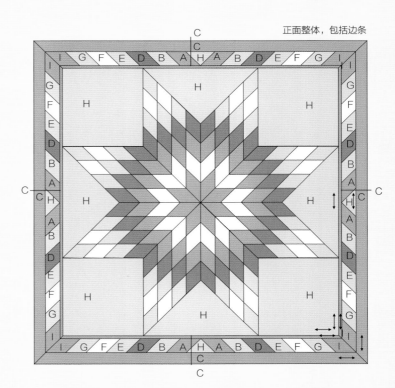

正面整体，包括边条

275

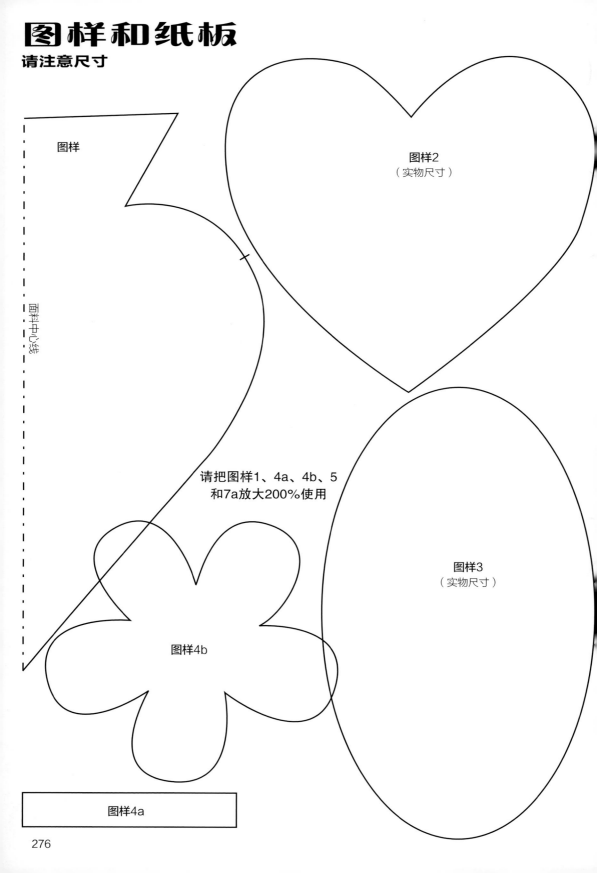

图样和纸板
请注意尺寸

图样

图样2
（实物尺寸）

面料中心线

请把图样1、4a、4b、5
和7a放大200%使用

图样3
（实物尺寸）

图样4b

图样4a

图样5

图样6
（实物尺寸）

面料中心线

图样7a

图样9
（实物尺寸）

图样7b
（实物尺寸）

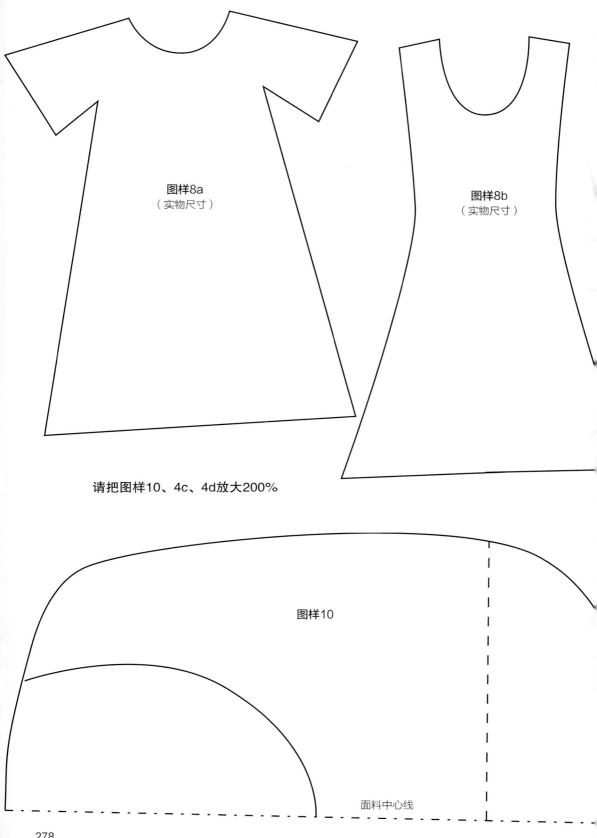

图样8a
（实物尺寸）

图样8b
（实物尺寸）

请把图样10、4c、4d放大200%

图样10

面料中心线

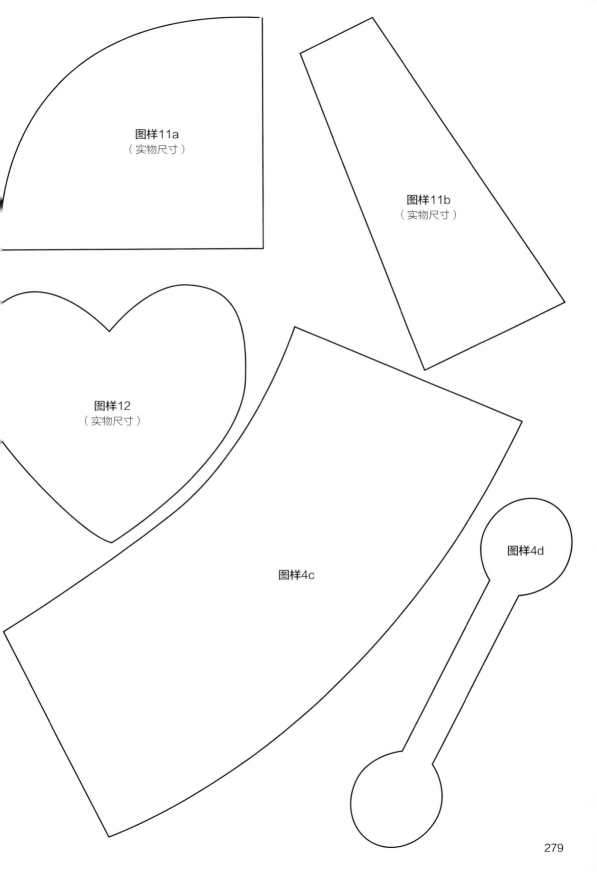

图样11a
（实物尺寸）

图样11b
（实物尺寸）

图样12
（实物尺寸）

图样4c

图样4d

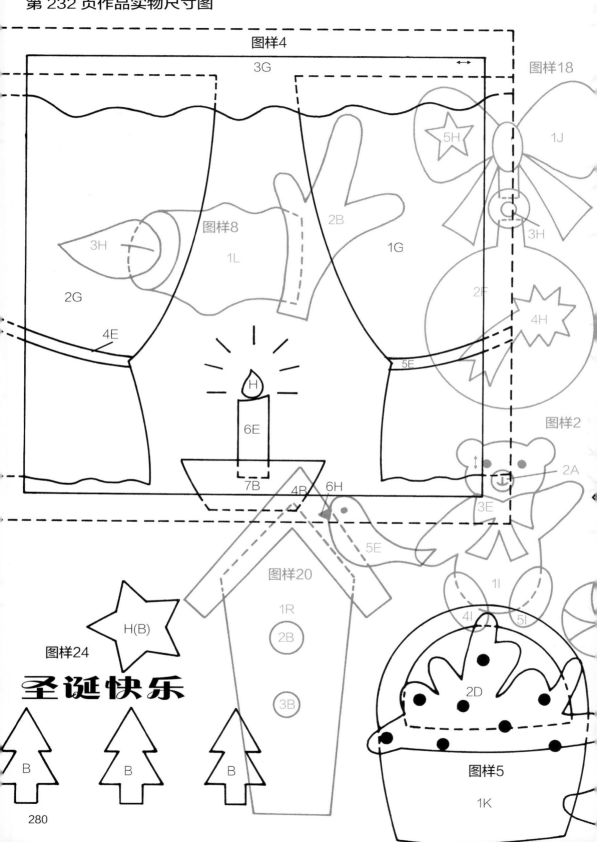

图样4

3G

图样18

1J

5H

图样8

3H

2B

1L

3H

1G

2F

4H

2G

4E

5E

H

6E

图样2

2A

7B   4B   6H

3E

5E

图样20

1I

H(B)

1R

4I   5I

2B

图样24

3B

2D

圣诞快乐

B   B   B

图样5

1K

图样1

图样10

1K

4E

3B

1K

5B

图样6

11M

10M

30

7J

80

9M

4J

6M

1I

5M

2P

图样17

1J

2H

图样14

图样3

2D

3D

5B

2E

1B

3H

1I

2E

图样11

4H

图样15

B)

1K(B)

3E

1K

6H 7H 8H 9H

5H 281

图样12

12F

13M

14I

11H 10M

6N

4J

7M

1M

5J

3J

9N

2M

8J

2P

4M

5M

3P

1N

图样16

6I

图样21

7C 9H

8H

3B

4F

6E

5E

1G

2B

E

E

E

E

E

E

E

E

E

E

图样23

2E

2E

1D

3Q

5B

4J

6F

8I 9E

1B

图样19

2L

7E

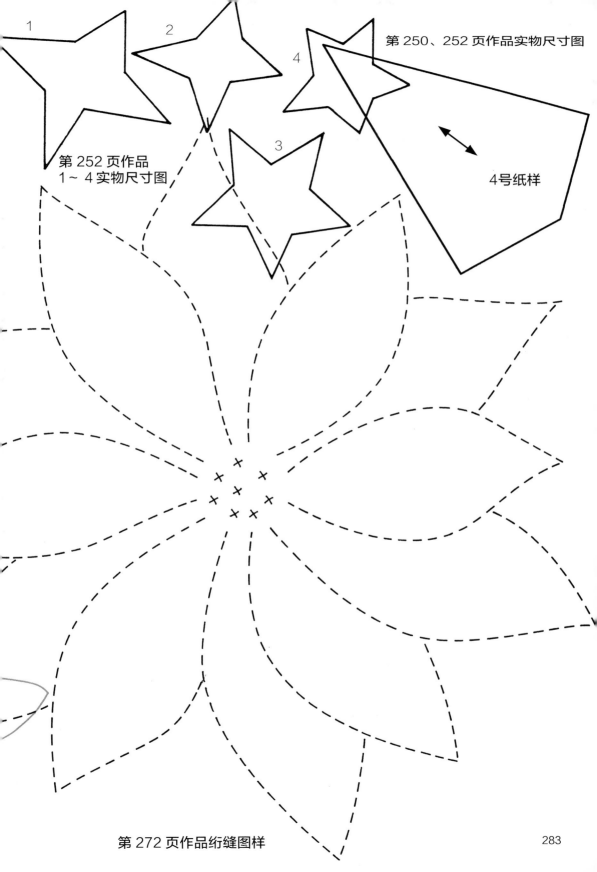

第 250、252 页作品实物尺寸图

第 252 页作品
1~4实物尺寸图

4号纸样

第 272 页作品绗缝图样

283

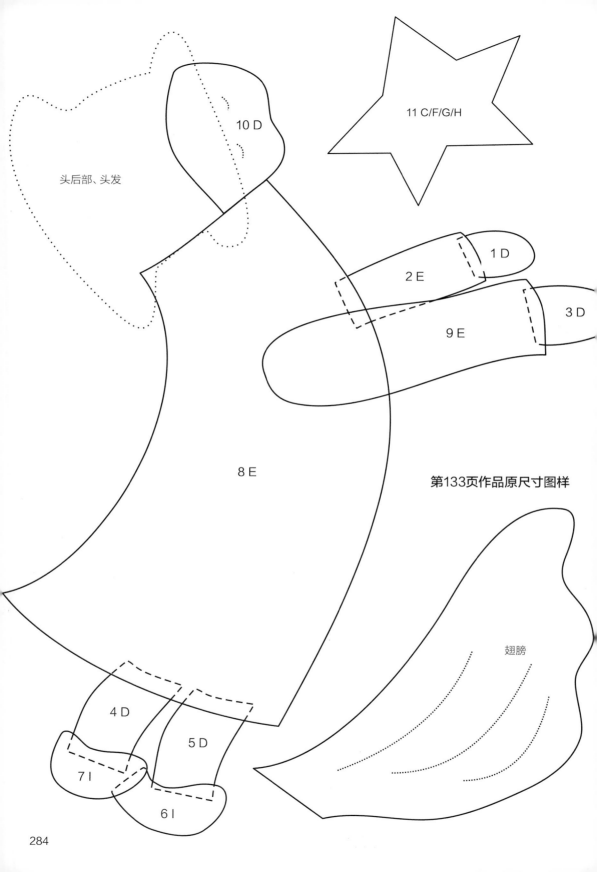

头后部、头发

10 D

11 C/F/G/H

1 D

2 E

3 D

9 E

8 E

第133页作品原尺寸图样

4 D

5 D

7 I

6 I

翅膀

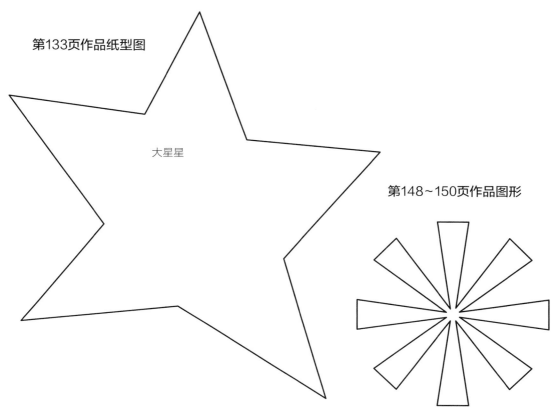

第133页作品纸型图

大星星

第148~150页作品图形

图样请放大 200%使用

第131~133页作品原尺寸图

每个孩子都有天使守护，

夜晚在床边伴他熟睡。

孩子长大后忠诚、勇敢，

天使会始终伴随他左右。

第139页作品图样

抽褶

面料中心线/布纹走向

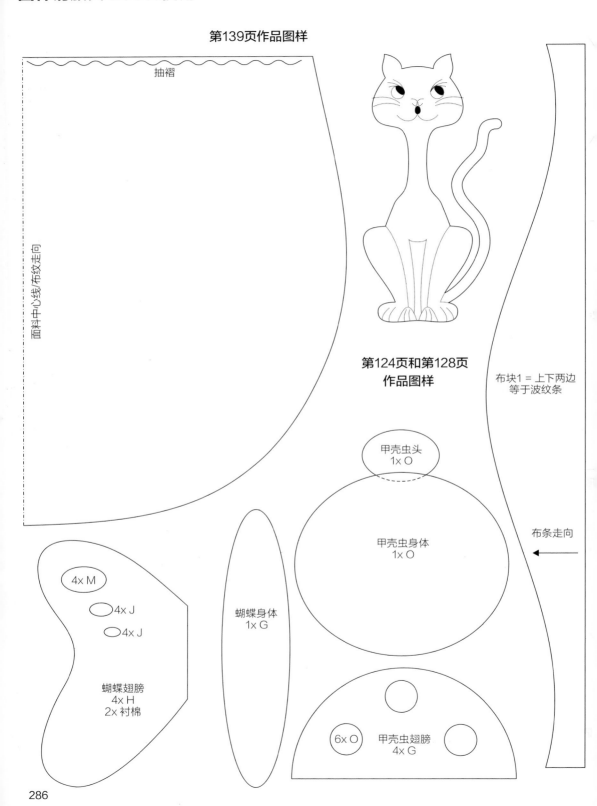

第124页和第128页
作品图样

布块1 = 上下两边
等于波纹条

甲壳虫头
1x O

甲壳虫身体
1x O

布条走向

4x M

4x J

4x J

蝴蝶身体
1x G

蝴蝶翅膀
4x H
2x 衬棉

6x O

甲壳虫翅膀
4x G

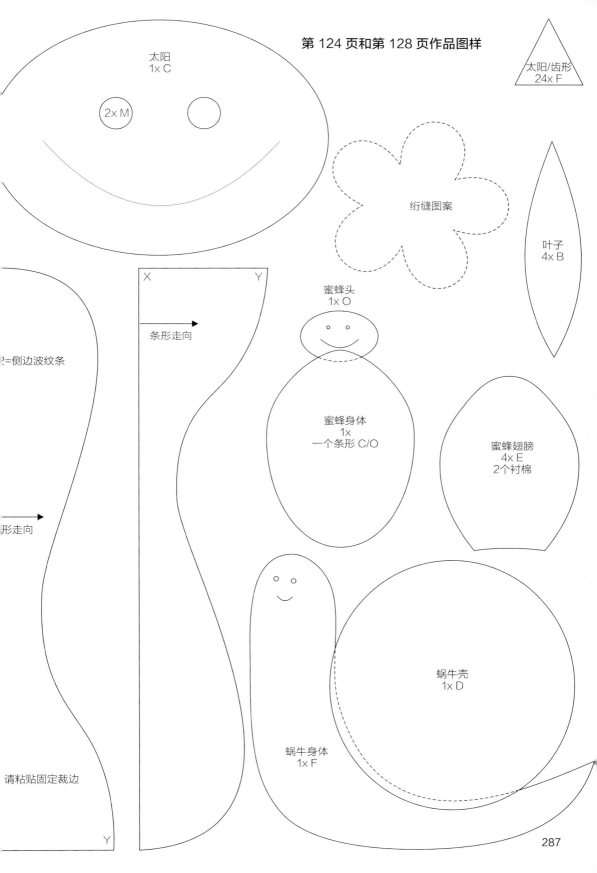

太阳
1x C

2x M

太阳/齿形
24x F

绗缝图案

叶子
4x B

X　　　　　Y

条形走向

2=侧边波纹条

蜜蜂头
1x O

蜜蜂身体
1x
一个条形 C/O

蜜蜂翅膀
4x E
2个衬棉

形走向

蜗牛壳
1x D

蜗牛身体
1x F

请粘贴固定裁边

Y

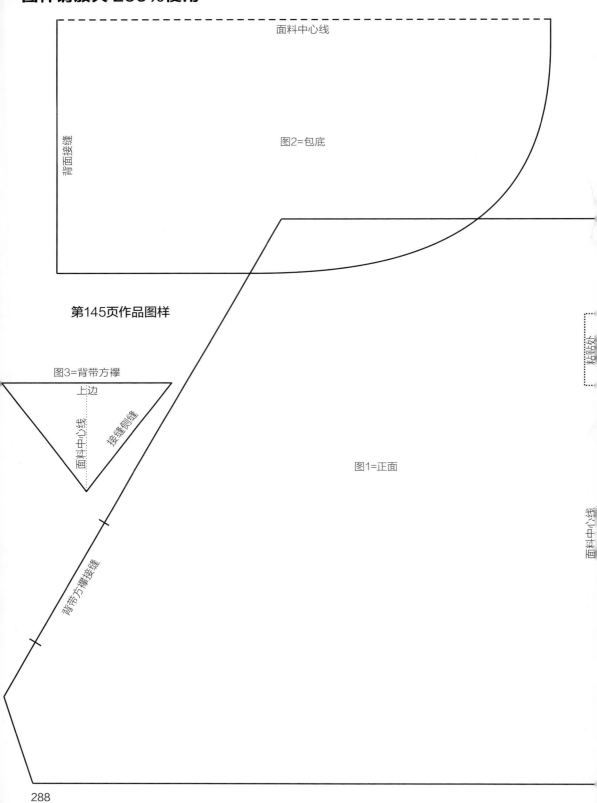

面料中心线

背面接缝

图2=包底

第145页作品图样

图3=背带方襻

上边

面料中心线

接缝叠缝

图1=正面

背带方襻接缝

粘贴处

面料中心线

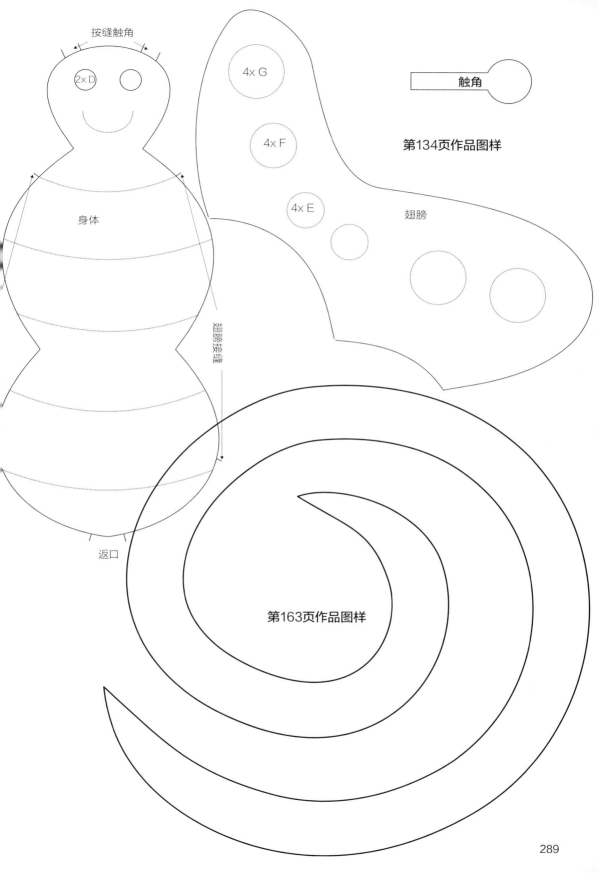

按缝触角

2x D

身体

按缝触角

4x G

4x F

4x E

翅膀

触角

第134页作品图样

翅膀接缝

返口

第163页作品图样

第151、154页作品图样

第151、154页作品图样

图样请放大200%使用

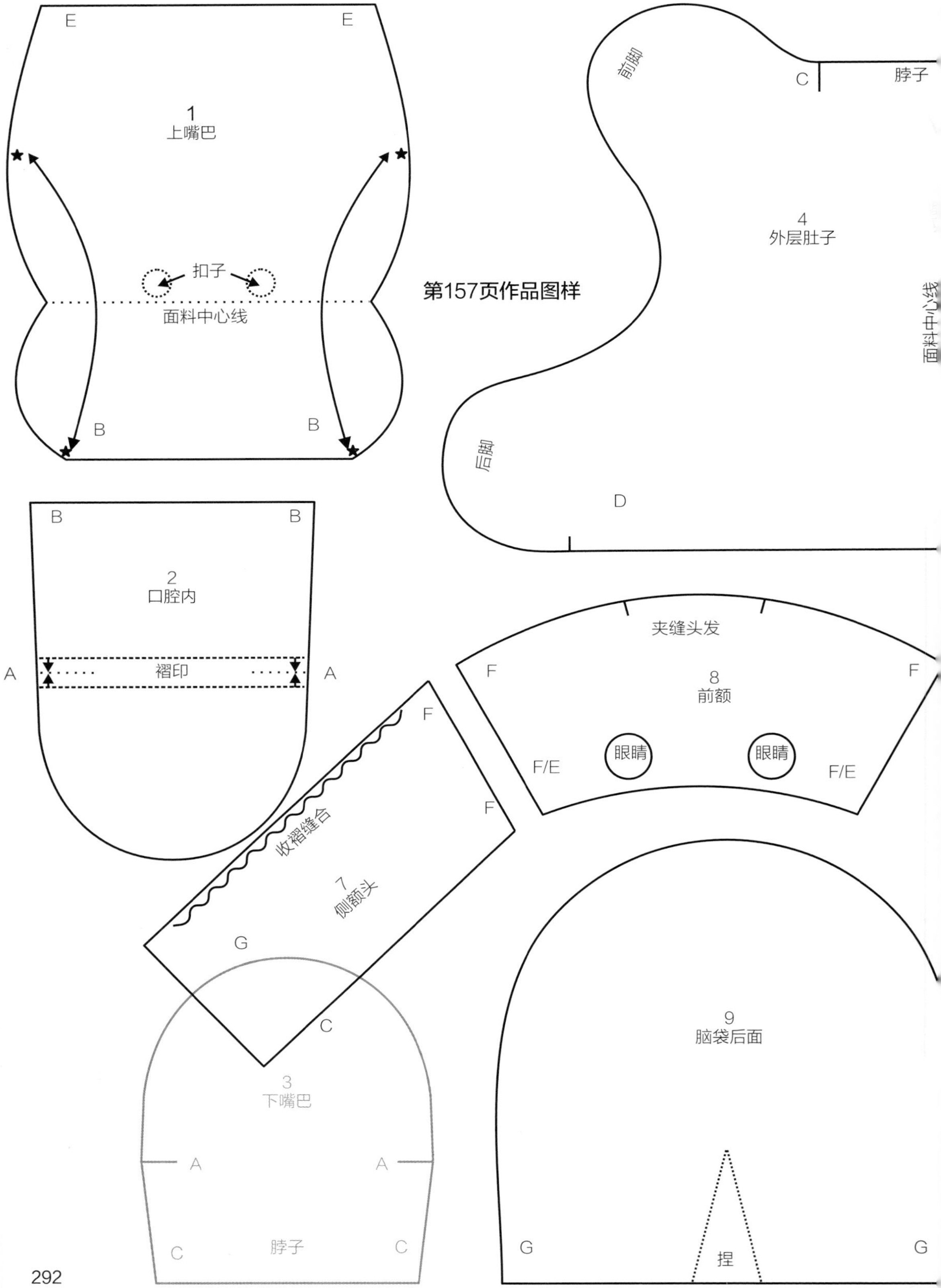

E　　　　　　　　　E

1
上嘴巴

★

扣子
面料中心线

第157页作品图样

B　　　　　　B
★　　　　　　★

前脚

C　　脖子

4
外层肚子

面料中心线

后脚

D

B　　　　　　　B

2
口腔内

A　　褶印　　A

夹缝头发

F　　　　　　　F
8
前额

F/E　眼睛　　眼睛　F/E

F

收褶缝合

F

7
侧额头

G

C

3
下嘴巴

A　　　　A

9
脑袋后面

C　　脖子　　C

G　　　　　　　　G

捏

292

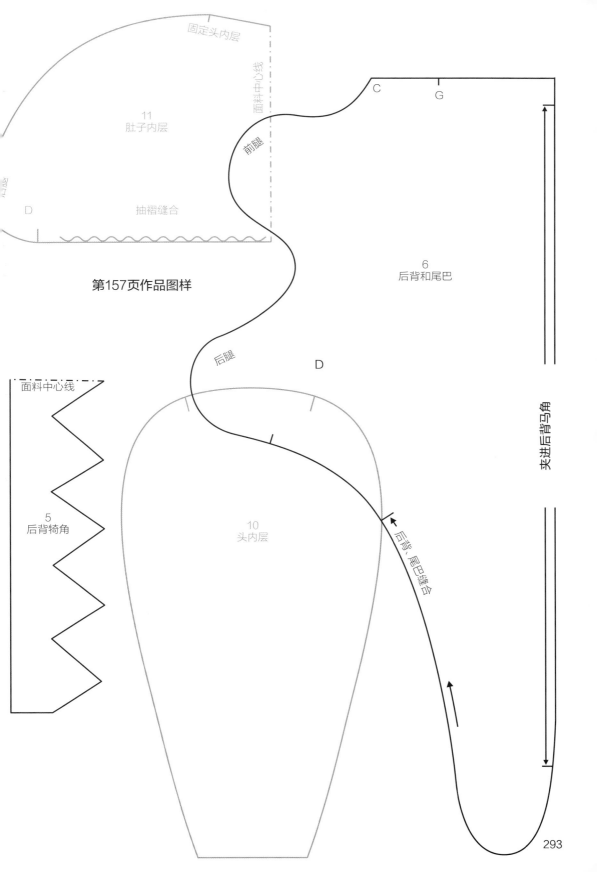

固定头内层

面料中心线

11
肚子内层

前腿

C　　　G

D

抽褶缝合

6
后背和尾巴

后腿

D

第157页作品图样

面料中心线

5
后背犄角

10
头内层

后背、尾巴缝合

夹进后背犄角

293

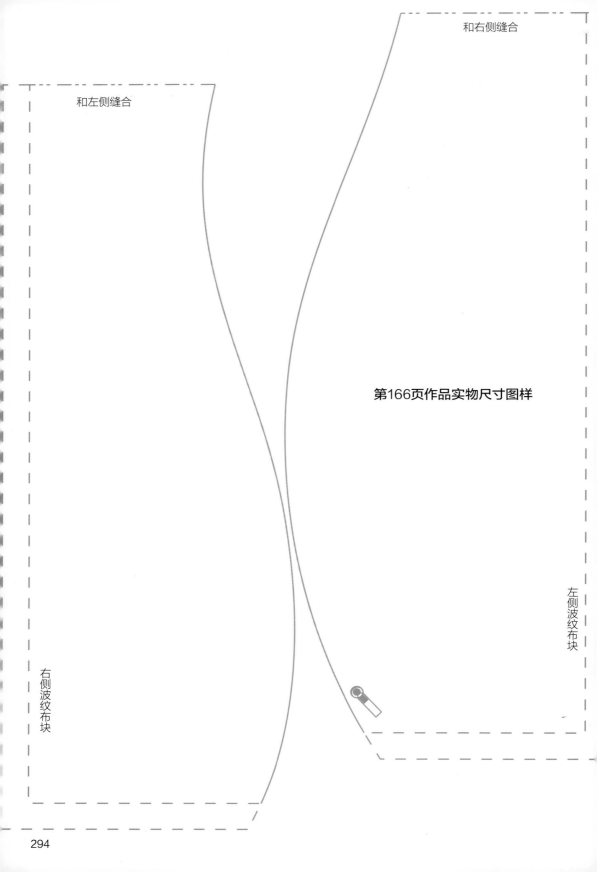

和右侧缝合

和左侧缝合

第166页作品实物尺寸图样

右侧波纹布块

左侧波纹布块

第166页作品实物尺寸图样（不含缝份）
字母代表所用面料编号

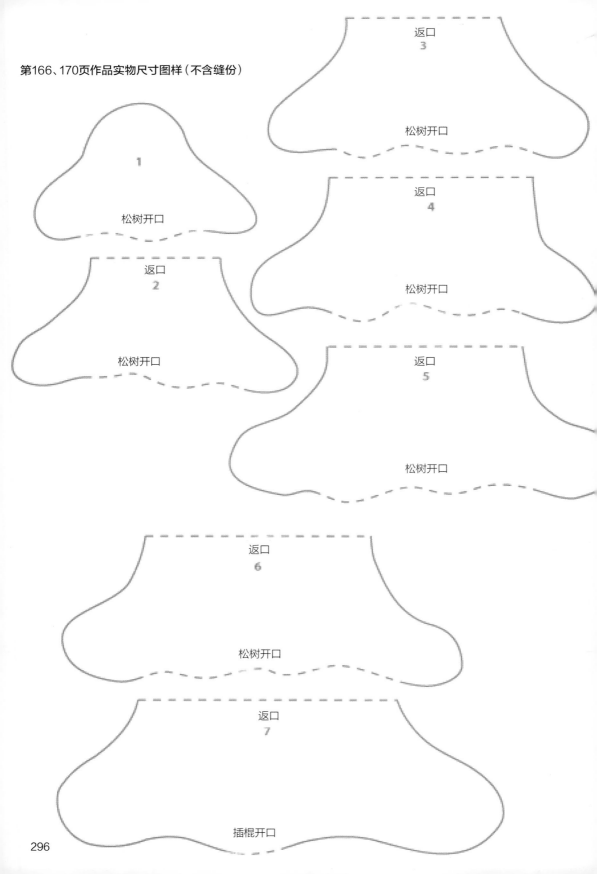

第166、170页作品实物尺寸图样（不含缝份）

返口
3

松树开口

1

松树开口

返口
4

松树开口

返口
2

松树开口

返口
5

松树开口

返口
6

松树开口

返口
7

插棍开口

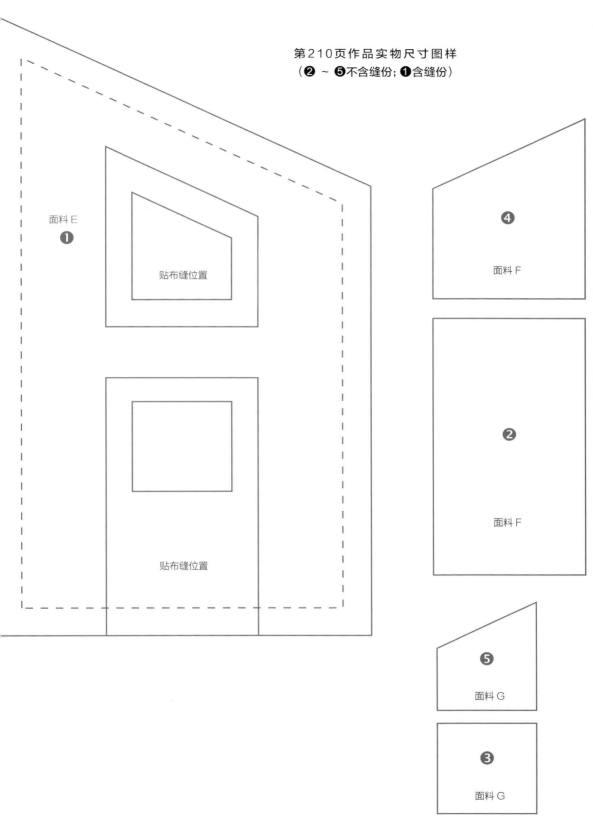

第210页作品实物尺寸图样
（❷ ～ ❺不含缝份；❶含缝份）

面料 E
❶

贴布缝位置

贴布缝位置

❹
面料 F

❷

面料 F

❺
面料 G

❸
面料 G

297

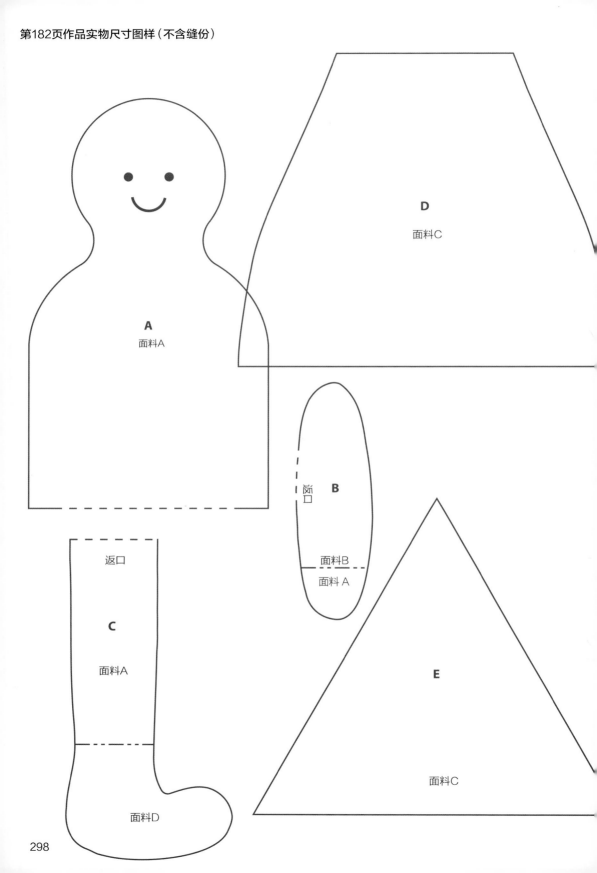

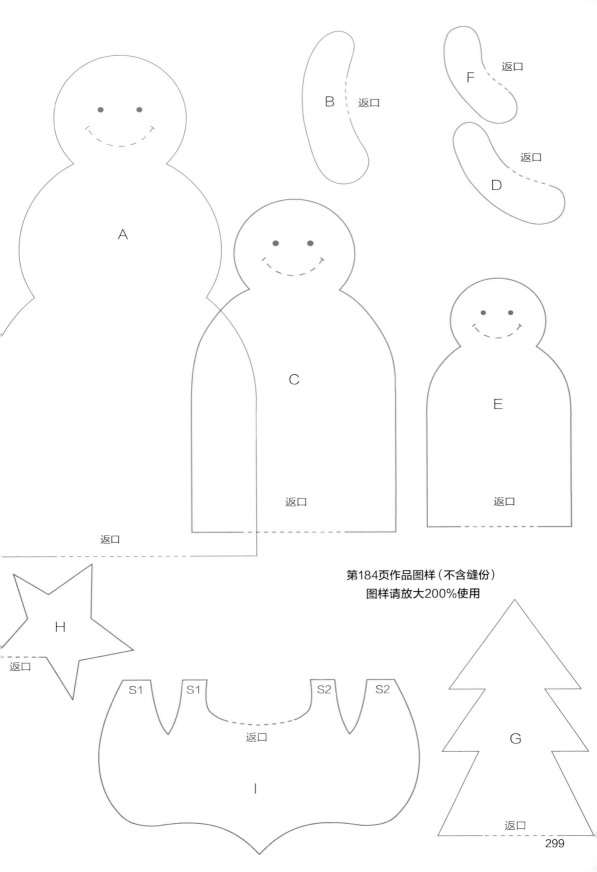

B 返口

F 返口

返口

D

A

C 返口

E 返口

返口

第184页作品图样（不含缝份）
图样请放大200%使用

H

返口

S1 S1 S2 S2

返口

I

G

返口

第188页作品图样A和B（不含缝份）

A

B

第188、190页作品图样
图样请放大200%使用

面料中心线

第190页作品图样（无缝份）

C

填料开口

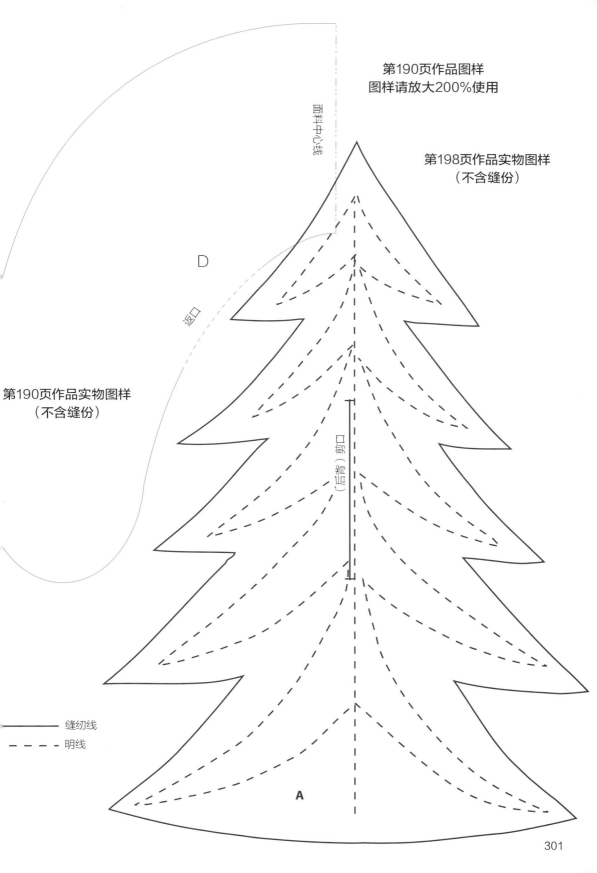

第190页作品图样
图样请放大200%使用

第198页作品实物图样
（不含缝份）

第190页作品实物图样
（不含缝份）

D

返口

轻纱中心画样

（后背）剪口

A

——— 缝纫线
- - - - - 明线

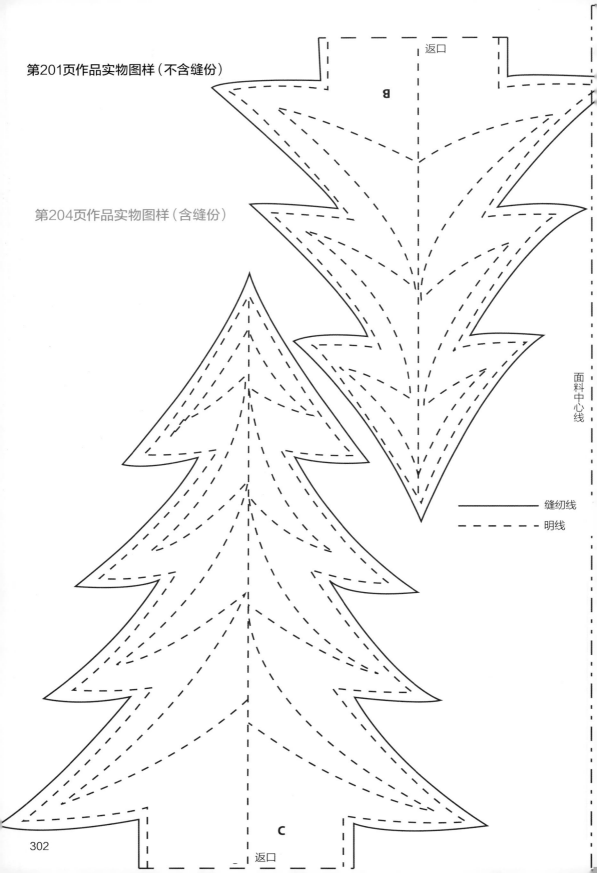

第201页作品实物图样（不含缝份）

第204页作品实物图样（含缝份）

返口

B

面料中心线

缝纫线

明线

C

返口

302

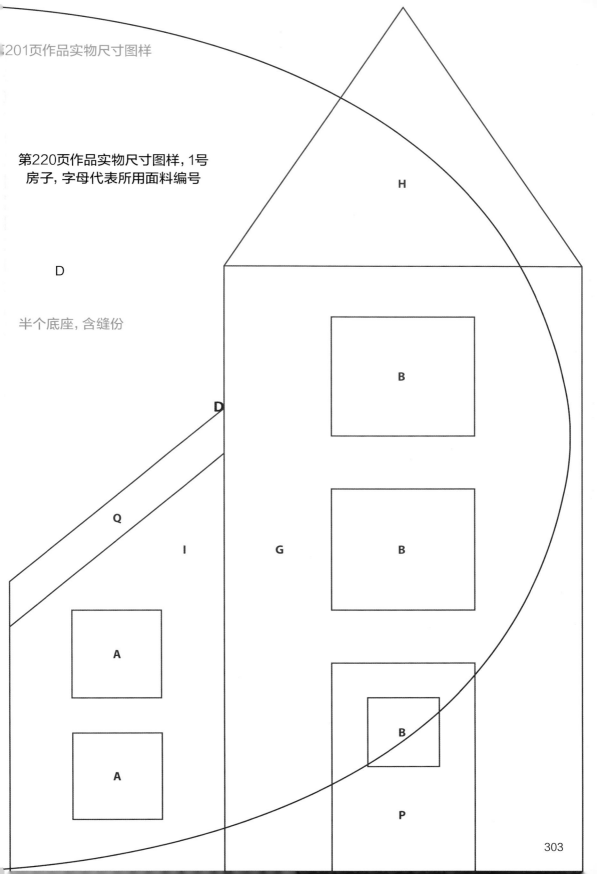

第220页作品实物尺寸图样, 1号
房子, 字母代表所用面料编号

D

半个底座, 含缝份

H

D

Q

I

G

B

B

A

B

A

P

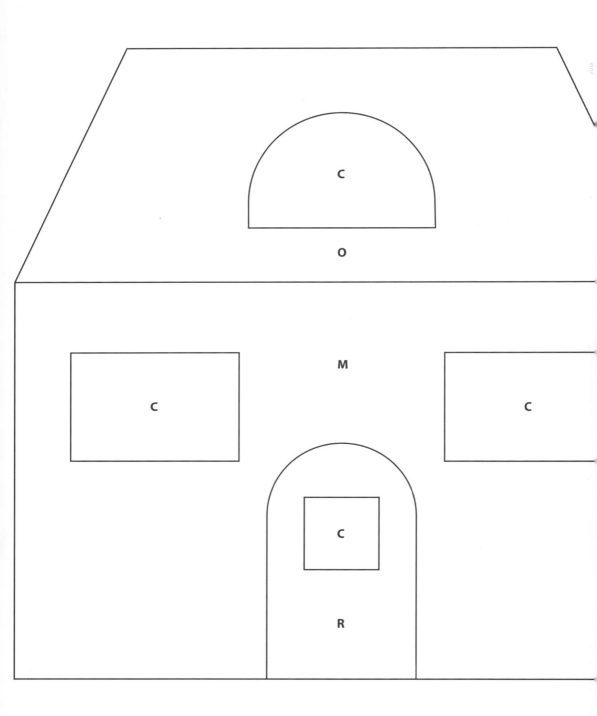

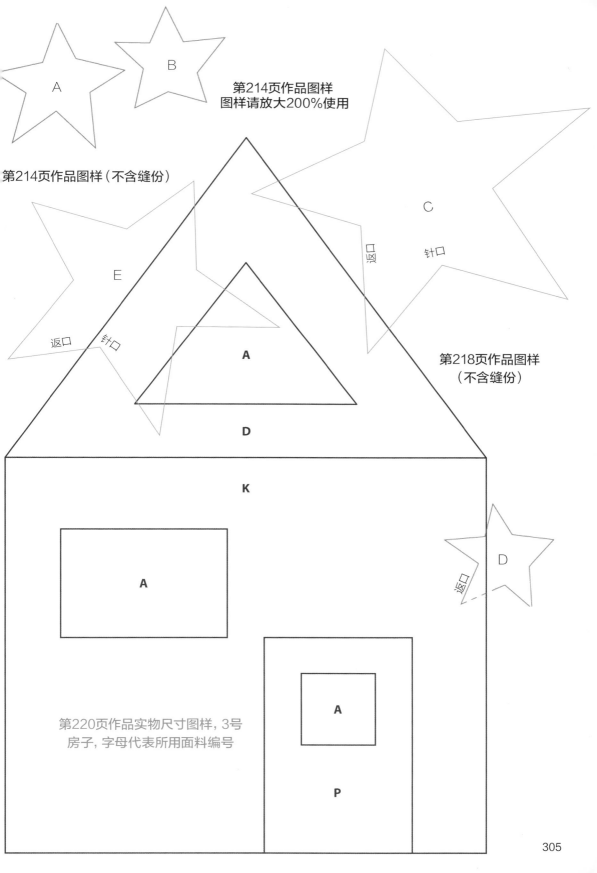

A

B

第214页作品图样
图样请放大200%使用

第214页作品图样（不含缝份）

C

E

返口

针口

返口　针口

A

第218页作品图样
（不含缝份）

D

K

A

返口

D

A

第220页作品实物尺寸图样, 3号
房子, 字母代表所用面料编号

A

P

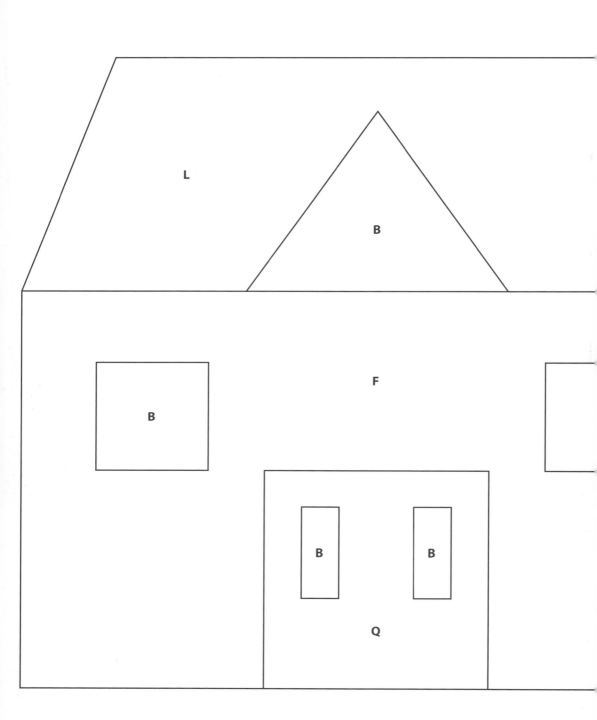

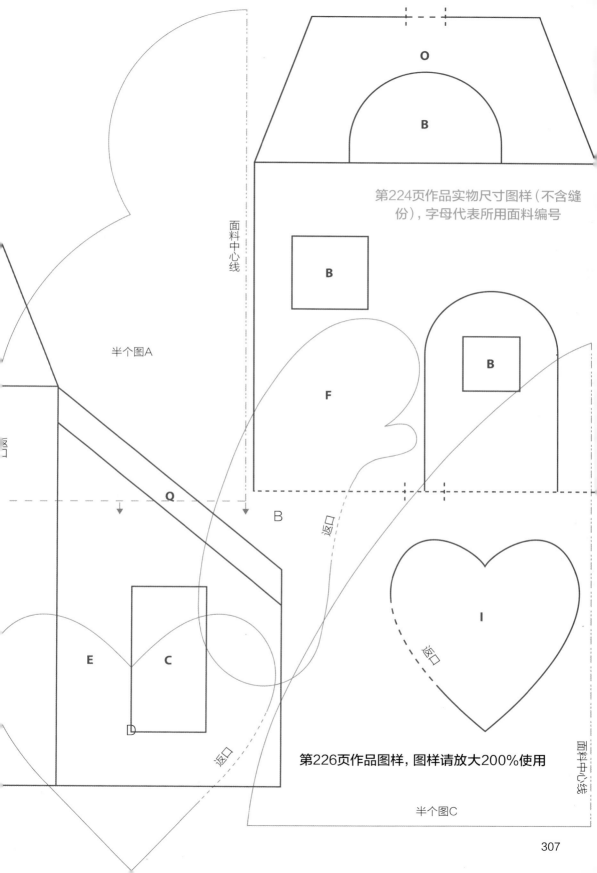

O

B

第224页作品实物尺寸图样（不含缝份），字母代表所用面料编号

B

半个图A

面料中心线

F

B

Q

E

C

D

B

返口

返口

I

返口

第226页作品图样，图样请放大200%使用

面料中心线

半个图C